智能装备体系仿真建模技术及应用

朱 智 著

电子工业出版社·
Publishing House of Electronics Industry
北京·BEIJING

内 容 简 介

本书以推进装备体系数字化转型为出发点，是装备体系仿真领域的前沿之作，旨在为装备体系仿真、智能行为建模、模数驱动工程等领域的教学和科研提供有益参考。全书共分为 7 章，包括智能装备体系仿真概述、本体元建模技术、领域特定建模技术、模数驱动的智能行为建模技术、动态数据融合的数据同化技术、形式化模型转换技术及综合仿真应用案例等内容。本书深入探讨了智能装备体系仿真建模的关键技术，并提供了实际应用案例，充分展示了当前装备体系仿真领域先进的数字决策与数据智能的综合运用。本书适合装备体系仿真领域的教学和科研人员阅读。

未经许可，不得以任何方式复制或抄袭本书之部分或全部内容。

版权所有，侵权必究。

图书在版编目（CIP）数据

智能装备体系仿真建模技术及应用 / 朱智著.

北京 ： 电子工业出版社，2024. 8. -- ISBN 978 7 121 -48585-5

Ⅰ．TP23

中国国家版本馆 CIP 数据核字第 2024NC8746 号

责任编辑：钱维扬

印　　刷：河北鑫兆源印刷有限公司

装　　订：河北鑫兆源印刷有限公司

出版发行：电子工业出版社

　　　　　北京市海淀区万寿路 173 信箱　　邮编：100036

开　　本：720×1 000　1/16　印张：13.75　字数：264 千字

版　　次：2024 年 8 月第 1 版

印　　次：2024 年 12 月第 2 次印刷

定　　价：88.00 元

凡所购买电子工业出版社图书有缺损问题，请向购买书店调换。若书店售缺，请与本社发行部联系，联系及邮购电话：（010）88254888，88258888。

质量投诉请发邮件至 zlts@phei.com.cn，盗版侵权举报请发邮件至 dbqq@phei.com.cn。

本书咨询联系方式：qianwy@phei.com.cn。

序　言

近年来，大数据、大模型等前沿科技加速应用于装备体系仿真领域，推动了智能装备体系数字工程的快速发展。为了系统地论证日益复杂的智能装备体系，世界各军事研究机构将作战仿真作为装备体系论证的主要手段，并着重搭建攻防博弈对抗仿真环境以评估新型智能装备体系在各种典型对抗环境和条件下的作战效能。然而，要实现高水平的装备体系仿真，模型的构建是至关重要的基础。军事作战系统及其作战过程的复杂性，使装备体系本身及其作战行为模型呈现出许多新特点，给当前智能装备体系仿真建模方法带来了许多挑战，主要体现在以下四个方面。

（1）标准化。由于装备体系规模庞大且多样化，因而其异构性进一步增强。大量模型来自不同组织，采用不同的平台和架构，使用不同的建模语言或形式体系，对仿真平台的集成能力构成了较大挑战。因此，建设统一的仿真建模标准，以便快速组合和重用现有的模型和仿真资源，一直是装备体系仿真领域亟待解决的问题。

（2）领域化。装备体系仿真建模跨越多个作战层次和学科领域，知识密度较高，这给多粒度、多领域的装备体系仿真建模带来了挑战。紧迫需要有效集成模型语义的装备体系仿真建模方法，以从根本上支持不同层次、不同领域的仿真模型语义可组合性。

（3）工程化。装备体系构成复杂，构成元素之间的关系更纷繁复杂，并且具有很强的动态性和不确定性。随着装备体系应用的深入和人们需求的扩展细化，装备体系仿真建模的扩展能力面临较大挑战。因此，装备体系仿真建模工作应在系统、规范的工程化思想指导下进行，以提高模型开发的效率。

（4）智能化。集成大数据和大模型推动仿真建模朝着智能化方向迈进，这也给传统仿真建模的基本理论、方法和关键技术带来了新的挑战。开展智能装备体系仿真建模研究已成为必然趋势，以适应未来新型智能装备体系的建设和发展方向。

为了应对上述挑战，国内外军事研发机构在仿真建模领域展开了大量的研究工作，获得了许多相当成熟的装备体系仿真建模方法。这些方法大致可以分为两类：模型驱动和数据驱动。前者主要以仿真建模为核心，基于物理机理和行为规则，依赖于建模人员对系统领域知识的理解和仿真建模技术的应用；后者则以数据建模为主，基于观测数据或仿真数据，主要依赖于建模人员收集到的数据质量和应用的数据分析方法。

对于模型驱动方法，传统仿真建模致力于建立统一的标准化模型规范、建模范式和仿真协议，并将其作为技术支持，或者专注于特定应用领域内的相关模型约束，以满足装备体系仿真建模研究的标准化、领域化和工程化现实需求，但其所形成的智能化程度有限。此外，由于模型驱动方法基于领域知识的本质属性，因此在当前的知识体系下（如在建模复杂度极高、计算量巨大的复杂非线性系统方面）未必存在可行的物理原理或作战行为模型。此外，模型是对现实世界的简化描述，侧重于问题的某一方面，再加上建模人员的建模能力和偏好，仿真模型常受到理想假设或主观因素的影响，甚至有可能遗漏关键因素。

与此相反，数据驱动方法以数据建模为中心，通过不断训练数据模型来进行优化，使仿真模型逐步接近真实系统，能够很好地应对智能化建模问题。虽然数据建模可以绕过领域知识直接回答问题，但它也有一定的局限性：首先，数据建模无法有效应对突发事件，如政策干预导致数据模型所预测的结果与真实情况不符；其次，数据建模依赖于客观数据的本质，决定了其对难以收集或代价高昂的系统的建模存在困难，特别是军事领域许多数据不公开，导致完全依靠数据驱动的方法难以实施。

考虑到单独使用模型驱动或数据驱动方法的不足，本书结合两者的优势，介绍了模数驱动的智能装备体系仿真建模关键技术及应用。模数驱动以模型和数据为基础，一方面，基于标准化、领域化和工程化的模型驱动的仿真建模技术仍将发挥重要作用；另一方面，数据作为另一个核心资源，将与模型相互促进、互为补充。两者的有机结合将有效推动智能装备体系数字工程的发展，为开展智能化时代下的装备体系仿真建模提供可行的技术途径和新方法。

全书共分为 7 章。第 1 章为智能装备体系仿真概述，介绍基本概念、工程化仿真建模技术、通用化建模仿真平台，以及智能化仿真建模发展趋势；第 2 章为本体元建模技术，介绍本体元建模基本概念、本体元建模语义可组合、本体建模环境，以及本体元建模在 MDE 中的应用；第 3 章为领域特定建模技术，介绍领域特定语言、基于 UML Profile 的轻度级扩展、基于 EMF 的元模型重定制，以及更灵活的领域特定元建模技术；第 4 章为模数驱动的智能行为建模技术，介绍模数驱动架构，以及遗传模糊树、功能决策树和数智 Agent 三种智能行为建模技术；第 5 章为动态数据融合的数据同化技术，介绍数据同化、离散事件系统仿真、离散事件仿真数据同化、仿真实现与实验分析；第 6 章为形式化模型转换技术，介绍模型转换、形式化模型转换理论体系、基于 MDA 的形式化模型转换过程，以及模型转换评估；第 7 章为综合仿真应用案例，介绍仿真应用开发基础，以及网络化防空反导、直升机联合反潜和智能弹道导弹突防三种智能装备体系仿真应用案例。

本书在编写过程中，得到了导师国防科技大学朱一凡教授和美国亚利桑那州立大学 Hessam Sarjoughian 教授的指导与帮助，在此表示衷心感谢！本书得到了国家自然科学基金青年科学基金项目（项目编号：62003359）和装备预研教育部联合基金（项目编号：80901020104）的资助。感谢电子工业出版社对本书内容的编校工作。

对智能装备体系仿真建模的研究，无论是在理论、方法、技术还是应用方面，仍有许多值得探索和发展的空间。由于作者水平有限，书中难免存在疏漏和不足的地方，敬请读者批评指正。

目 录

第1章
智能装备体系仿真概述

建模与仿真（Modeling and Simulation，M&S）是分析和解决复杂问题的一种普遍而有效的方法，在许多学科领域均受到关注。本章旨在介绍智能装备体系仿真的基本概念，强调装备体系仿真对国防现代化建设和战斗力生成的重要意义。同时，分析了当前装备体系仿真建模基础理论、方法与关键技术所面临的挑战，并综述了国内外装备体系仿真建模的典型方法和对关键技术平台的研究现状。最后，指出了智能化仿真建模的发展趋势。

1.1 基本概念

1.1.1 装备体系仿真

效能是系统完成某项任务的能力，装备体系效能即装备体系完成特定任务的能力。为了评估该能力，需要创建适当的任务环境。构建装备体系典型的任务环境需要对在特定交战环境中所涉及的敌我装备系统、战场环境、战术战法等进行建模。装备体系效能通过与执行其任务相关的作战系统进行评估。作战系统一般指虚拟的装备体系仿真应用。模型是仿真的核心，建模是仿真的关键。对装备体系仿真而言，如何工程化地建立各类仿真模型，提升仿真模型规范化、科学化和智能化水平，是当前装备体系仿真智能化拓展的热点和难点问题[1-2]。

装备体系仿真是建模仿真在军事应用系统领域的应用[3]。近年来，国防和军事领域进行了大量的装备体系仿真研究与系统开发，取得了一系列成果，为军事现代化建设和战斗力生成发挥了不可替代的作用。装备体系仿真作为国防能力建设的关键支撑，是新时代国防科技发展战略中重点发展的关键技术之一，其应用贯穿了武器装备系统论证、研制、试验鉴定、使用训练、综合保障的装备发展全过程，涵盖操作技能、战术指挥和任务协同、战役指挥、战略决策等训练层次，并延伸到作战推演分析和计划制订、兵力结构分析优化、装备体系分析论证、新型作战概念演示验证、辅助指挥决策等领域。

装备体系仿真系统已成为装备发展、训练、作战研究的重要依托、有效手段和支撑工具。装备体系仿真建模的基础理论、方法和关键技术是提升装备体系仿真系统建设水平的关键所在。传统的装备体系仿真建模主要以标准化的模型规范、建模范式或仿真协议为技术支撑，聚焦于一个或几个特定的应用领域，并将领域内的有关模型约束起来，这使得对仿真建模支撑环境的建设以及对领域知识的学习吸引了仿真建模人员太多的注意力。人们极少关注仿真模型所蕴含的信息如何被表达和被理解，导致仿真模型出现冗余信息量较大、难以快速精确定位、工程化程度不高、组合重用困难等问题。因此，如何规范化地表示仿真模型，并不断提高不同仿真模型之间的语义可组合性，以最大限度地重用现有的模型与仿真资源，实现仿真应用的快速、高质量开发已经成为一个富有挑战性的技术难题。

1.1.2　仿真建模方法

仿真是为特定的目的，如采办、分析、作战实验、情报、计划、测试与评估、训练等，利用模型代替实际或构想的系统进行试验、实验或学习的方法、技术和活动[4]。仿真的基本前提是模型，故也叫仿真模型。仿真模型涉及语法和语义两个层面，仿真模型集成必须在语法和语义层面同时实现集成，才能有效支持复杂系统的高效仿真。语法层面的表示与集成主要通过仿真模型标准规范来实现，语义层面的表示与集成则涉及统一的概念及语义框架。

仿真模型的开发需要经历一系列的活动，这称为仿真模型开发过程，也叫仿真建模过程，通常包括概念建模和仿真实现两大环节。概念建模根据研究目标抽象建立系统的概念或数学模型，主要面向人可理解而不考虑实现的技术问题；仿真实现则基于某种计算机语言或工具将概念模型实现为计算机可执行的仿真模型。其中，概念建模环节属于需要发挥建模人员创造力的活动。

工程化仿真建模也称作仿真模型工程[5-6]，主要针对仿真建模的仿真实现环节，其试图使仿真模型开发活动像其他工程活动一样，能够符合恰当的原则、方法和步骤，在有关工具的支持下，自动或半自动地将概念模型实现为仿真模型，并支持仿真模型的模块化组合与重用。对于一般的系统仿真问题，仿真模型的组合与重用问题并不突出，因此工程化仿真建模主要解决概念模型的自动化实现问题。而对装备体系仿真而言，各类仿真应用间模型算法的交错现象普遍，共享与重用需求强烈，需要同时考虑概念模型的自动化或半自动化实现和仿真模型的组合与重用问题。

概括地说，仿真模型是对现实世界的抽象描述，仿真层次越高、规模越大，抽象就越迫切，不同仿真模型间的组合难度就越大。按照军事仿真的四层结构（工程层、交战层、使命层、战役层），越是下层仿真，规模越小，模型粒度越细（抽象程度越低），模型组件间关系越简单，组合与重用越容易；越是上层仿真，规模越大，模型粒度越粗（抽象程度越高），模型组件间语义失配的可能性就越大，组合与重用越困难。软件重用在操作上一般分为面向重用的设计和基于重用的开发两个阶段。对于仿真模型重用，面向重用的设计就是要在概念模型设计上尽可能考虑各种可能的应用情形，通过模型抽象技术支持各种应用情形的统一表达；基于重用的开发则强调概念模型与仿真模型实现之间的一致性，以便在选用可重用仿真模型时可以直接基于概念模型来选择可用的仿真模型。

1.1.3　仿真模型语义可组合

当前仿真建模（尤其是针对装备体系等复杂系统的仿真建模）所面临的挑战包括复杂性、多样性和易变性，但这也是推动其发展的动力。如今的仿真模型已经不再局限于传统的理论分析数据、公式和文档资料，而是逐步扩展到结构复杂、行为多样和语义丰富的多源、多模态仿真模型资源。随着这些模型的不断积累，如何有效组织和高效利用这些模型成为当前迫切需要解决的问题。模型资源的有效组织实际上通过技术手段支持语法可组合，从而为上层语义可组合奠定基础[7]。

根据不同仿真建模语言和建模范式在语法上的搭配使用，语法可组合具有不同的难度级别，也可理解为模型异构的差异大小；而根据语义映射与匹配的深度不同，可以进一步划分语义可组合的级别。一般来说，在组合仿真模型时，可以根据不同模型组件语义映射和匹配能力的差异将其分为几种组合类型[8]：

- 深度语义可组合，也可称为完全可组合；
- 语义可组合，在特定领域具有一定语义深度的组合；
- 语法可组合，在技术层面上组合，常常出现语义的分歧和冲突；
- 无可组合性，仿真模型之间完全独立，不具备可组合的条件。

模型组合的目的在于模型重用。这一过程涉及两方面：一方面，需要可重用的模型规范来描述仿真模型的接口信息；另一方面，需要支持仿真模型概念和结构信息的规范表达，并确保这些信息与模型实现之间的一致性，以便仿真应用人员可以根据这些信息来确定仿真模型的可重用性。

仿真模型重用主要涉及与其他仿真模型的组合，以实现快速组合式开发仿真应用。因此，仿真模型重用与仿真模型组合是相辅相成的。重用不仅需要支持不同来源的模型在语法上的组合，更要确保组合后的模型在语义上是有效的。换言之，在仿真建模中，语义可组合指不同的仿真模型组件在抽象（语义）上具有内在联系，通过组合需求将它们组织起来，形成动态联盟，以满足不同仿真建模人员对不同仿真应用的组合式开发、个性化和多样化需求。

在建模与仿真领域，传统的建模语言将执行语义固化在建模仿真工具背后的仿真引擎中，而仿真模型的表示本身并不包含执行语义。在仿真运行时，仿真引擎根据建模方法的执行语义对仿真模型中的信息展开执行，从而生成仿真模型所描述的行为。然而，仿真模型工程需要支持仿真模型的独立表示，以便支持仿真模型的共享和重用。为此，可以借鉴软件工程领域的相关技术，通过对仿真建模方法的工程化，实现仿真模型的生成式开发。

1.2　工程化仿真建模技术

1.2.1　模型驱动工程

模型驱动工程（Model Driven Engineering，MDE）是以元模型和模型转换为基础的统一化概念框架，旨在整合不同技术领域（如语言、数据库、软件工程等）的方法与技术，构建模型驱动的工程化基础理论。

1. 元建模

元建模是建立元模型的技术手段，类似于元数据。元模型描述了模型的结构和行为。在 MDE 中，元建模从纵向上将建模语言的定义分为不同的抽象层次，每一层次都是上一层次的实例，逐步规范模型的表示，如元对象设施（Meta Object Facility，MOF）[9]。MOF 基于一个四层次的元建模架构（见表 1-1）。例如，统一建模语言（Unified Modeling Language，UML）[10]是基于 MOF 的建模语言之一，源自软件工程领域，主要采用类图、状态图、时序图、活动图等图形化建模规范来从不同视角表示系统。

表 1-1　四层次的元建模架构

层　　　次	描　　　述
元元模型层（M3）	元建模架构的基础设施，定义描述元模型的语言
元模型层（M2）	元元模型的实例，定义描述模型的语言
模型层（M1）	元模型的实例，定义描述信息域的语言
实例层（M0）	模型的实例，定义特定的信息域

2. 模型转换

模型转换将整个模型开发周期分为不同阶段，在这些阶段中，模型可以自动或半自动地进行转换，逐渐增加实现细节，最终生成可执行的模型或代码。其中，模型驱动架构（Model Driven Architecture，MDA）[11]是一种典型的技术。MDA 包含三大类模型：计算无关模型（Computation Independent Model，CIM）描述特定的应用问题，领域专家可以用领域概念和关系来表达应用需求，而不必关心实现细节；平台无关模型（Platform Independent Model，PIM）虽描述系统细节但仍然是系统抽象的表达，不关心具体的平台或技术实现；平台相关模型（Platform Specific Model，PSM）针对特定的平台或技术描述仿真模型。

3. Eclipse 建模项目

Eclipse 建模项目（Eclipse Modeling Project，EMP）是一个基于 Eclipse 平台的综合性项目，旨在提供全面的 MDE 工具来开发一些探索性项目[12]。Eclipse 平台由国际商业机器（IBM）公司设立的一个软件开发环境，逐渐演变成由 Eclipse 社区主导的开源项目开发环境。最初，Eclipse 平台主要基于 Java，并借助强大的插件系统，而如今其已演变成融合多语言、高度可扩展的专业平台。插件机制以及 MDE 的集成概念使 Eclipse 平台成为一个功能齐全的语言工作站，可以定义多种语言及其支持工具。

EMP 包含三个主要方面：抽象语法开发、具体语法开发和模型转换。抽象语法开发涉及对元模型的创建、编辑、查询和验证，提供了许多核心类及其之间的关系；具体语法开发包括为元模型提供图形化或文本式语法定义的工具，并生成相应的编辑器；模型转换主要包括模型到模型（Model-to-Model，M2M）的转换和模型到文本（Model-to-Text，M2T）的转换，其中，代码生成是 M2T 转换的特例。

1.2.2 领域特定建模

复杂系统通常由许多不同种类的子系统组成，每类子系统可能属于特定的知识领域。例如，用于装备体系仿真的应用系统一般包括指挥控制中心、传感器、武器及一系列对抗措施。每类子系统可能涉及多种类型的模型组件，如传感器涉及雷达、声呐、激光、红外等学科或子领域。为了清晰描述每个模型组件的行为及这些模型组件之间的交互，以便分析人员理解和校验模型，应该根据每个模型组件特定的行为以一种自然的方式探索不同的建模方法，并提供某一类领域模型组件特定的和对用户友好的建模能力[13]。领域特定建模（Domain Specific Modeling，DSM）得益于将特定的领域概念作为语言基本元素进行建模，大大减轻了建模人员的负担。而且，领域专家可以直接参与系统开发过程，从而加强系统开发人员与领域专家的交流，减少错误，提高系统开发质量。

1．轻度级扩展

同一个系统中可能会包括多种领域特定语言（Domian Specific Language，DSL）[14]。由于这些语言具有不同的语法和语义基础，将会导致集成困难的问题，并且长期维护这些语言将会耗费大量资源。因此，在现有语言基础上进行扩展以满足需求的 DSL 具有明显的优势。基于 UML 的扩展机制 UML Profile，对象管理组织（Object Management Group，OMG）建立了一些在建模与仿真领域广泛应用的建模语言，如 SysML[15]、SPT[16]、MARTE[17]。

2．元模型重定制

虽然 UML Profile 的轻度级扩展能很好地利用现有的建模资源，但其也限制了 DSL 的领域表达能力，因此有时需要重新建立元模型。例如，在利用 Eclipse 建模框架（Eclipse Modeling Framework，EMF）[18]建立 DSL 时，通常在元模型中会定义许多采用对象约束语言（Object Constraint Language，OCL）描述的领域特定约束[19]。

3．领域特定元建模

上述两种 DSM 方法都是在一般性的元建模设施框架（如 UML/MOF 和 Ecore）下进行的，且都处在 MOF 的 M3 层，其所定义的 DSL 通常包括两个层次，即定义及其使用。后来，研究人员提出了领域特定元建模（Domain Specific MetaModeling，DSMM）的方法，以提高 DSL 的抽象程度和增强 DSL 的领域知识表达能力[20]。DSMM 面向特定的领域为一类 DSL 定制特定的元建模方案，不受限于 UML 元对象设施（UML/MOF）或 Ecore 的一般性元建模设施，具有更强、更灵活的领域语义表达能力。实际上，DSMM 符合多层次元建模（Multi-Level Metamodeling，MLM）的框架，支持领域特定语义在多个元层次实例化，并且支持跨层次的建模元素定义与实例化，其典型的工具如 MetaDepth[21]。

1.2.3　典型技术标准

1. 分布式交互式仿真

分布式交互式仿真（Distributed Interactive Simulation，DIS）[22]采用一致的结构、标准和算法，通过网络将分散在不同地理位置的不同类型的仿真和真实世界互联起来，建立一种人可以参与交互操作的时空一致的综合环境。目前的 DIS 以 IEEE 1278.1-2012 标准为基础，以广播通信方式来实现仿真实体之间的交互操作。

2. 高层体系结构

高层体系结构（High Level Architecture，HLA）[23]是分布式交互式仿真的高层体系结构，该结构不考虑如何用对象构建成员，而是在假设已有成员的情况下考虑如何构建联盟。对于仿真系统的分析、对象的划分和确定、仿真应用系统即"成员"的构建等底层工作，正是面向对象分析与设计方法要解决的问题。目前，HLA 已正式成为建模与仿真标准（IEEE 1516.X 系列），基于 HLA 的分布式仿真是仿真发展的主要方向。

3. 基本对象模型

在 HLA 仿真领域中，联合对象模型（Federation Object Model，FOM）和仿真对象模型（Simulation Object Model，SOM）的开发对于 HLA 的推广十分重要。但随着应用的不断增长，这项工作变得越来越困难。基本对象模型（Base Object Model，BOM）[24]则是解决这一问题的新技术，它是经仿真标准化组织（Simulation Interoperability Standards Organization，SISO）批准的 RFOM（Reference FOM）模型，在遵守 HLA 规范的前提下提供了一种基于构件的开发方法，从而在更广阔的领域内进一步完善了仿真的互操作和可重用。

4．数据分发服务

数据分发服务（Data Distribution Service，DDS）[25]是由 OMG 制定的一套应用程序接口（Application Program Interface，API）与互操作性协议规范，它定义了一种以数据为中心的发布和订阅架构，可以匿名方式连接信息生产者与消费者，对实时性要求提供更好的支持，并针对强实时性系统进行了优化，提供低延迟、高吞吐量。

5．仿真模型可移植性规范

欧洲航天局（European Space Agency，ESA）于 20 世纪 90 年代初认识到其众多的航天器在研制过程中的不同研制阶段及不同研制项目之间的仿真重用与模型移植问题，并于 20 世纪 90 年代中期发起了仿真模型可移植性（Simulation Model Portability，SMP）规范[26]的制定计划，制定该规范的主要目标是实现 ESA 内部各仿真平台之间模型的交换。

6．试验与训练使能架构

试验与训练使能架构（Test and Training Enabling Architecture，TENA）[27]能克服当前以军种和武器为中心的传统"烟囱式"试验与训练靶场、设施的弊端，对分布在各地域的靶场进行资源整合，以期实现靶场试验任务资源之间的互操作、可重用与可组合。TENA 的目的是开发试验与训练领域的公共体系结构，以快速、高效益的方式实现用于试验和训练的靶场、设施和仿真之间的互操作，并促进这些资源的可重用和可组合。

7．Modelica 语言

Modelica 语言[28]是为解决多领域物理系统的统一建模与协同仿真问题，在归纳和统一先前多种建模语言的基础上，于 1997 年提出的一种基于方程的陈述式建模语言。Modelica 语言的主要特点包括面向对象的建模、基于方程的非因果建模、多领域建模和连续离散混合建模。

8. DEVS

离散事件系统规范（Discrete Event System Specification，DEVS）[29]以一种模块化和层次化的形式对一般意义上的系统进行建模和分析，这些系统可以是由状态转换表描述的离散事件系统，也可以是由微分方程描述的连续状态系统。

1.3　通用化建模仿真平台

1.3.1　DEVS 仿真平台

DEVS 被广泛应用于建模仿真领域，国内外的研究人员不断对其进行扩展和演化，形成了一系列成熟的建模方法、技术和平台工具[30]。

1. ADEVS

ADEVS 是一个用于开发基于并行 DEVS（Parallel DEVS，P-DEVS）和动态 DEVS 形式体系的离散事件仿真应用的 C++库。它支持可移植操作系统接口（Portable Operating System Interface of UNIX，POSIX）线程标准，在共享内存计算机上能够开发标准顺序仿真和保守式并行仿真应用。ADEVS 由美国亚利桑那大学的 James Nutaro 开发。

2. CD++

CD++是一个通用工具包，用 C++编写，支持 DEVS 和 Cell-DEVS 模型。DEVS 耦合模型和 Cell-DEVS 模型可以使用高层规范语言进行定义。不同的版本包括实时、并行和集中式仿真器。CD++由加拿大卡尔顿大学和阿根廷布宜诺斯艾利斯大学的 Gabriel Wainer 的研究团队开发。

3. DEVS-C++

DEVS-C++基于并行 DEVS 形式体系，是一个用面向对象 C++语言实现的模块化分层离散事件仿真环境。DEVS-C++由美国亚利桑那大学的 Hyup J.

Cho 和 Young K. Cho 开发。

4．DEVS/HLA

DEVS/HLA 是一个兼容 HLA 标准的 DEVS 建模仿真环境，它能够显著提高大规模分布式仿真应用的性能。HLA 和 DEVS 并存有望为分布式、并行建模和仿真环境提供基础。DEVS/HLA 由美国亚利桑那州立大学的 Hessam Sarjoughian 和美国亚利桑那大学的 Bernard P. Zeigler 开发。

5．DEVS-Suite

DEVS-Suite 是用 Java 编写的基于 DEVS 的建模仿真环境，它支持在单处理器上并行执行，也支持更高层级的、应用特定的建模和仿真。DEVS-Suite 的前期版本是 DEVSJAVA，其模型也可以很容易地映射到 DEVS/HLA 和 DEVS/CORBA。DEVS-Suite 由美国亚利桑那州立大学的 Hessam Sarjoughian 和美国亚利桑那大学的 Bernard P. Zeigler 开发。

6．DEVSim++

DEVSim++是基于面向对象建模的离散事件系统开发环境。DEVSim++ 由韩国科学技术院的 Tag Gon Kim 开发。

7．GALATEA

GALATEA 提供一系列建模语言，基于 DEVS 对多智能体（Agent）系统进行建模和仿真。它结合了 DEVS 理论和逻辑 Agent，能够在同一仿真平台中集成多智能体、分布式、交互式、连续和离散事件仿真。GALATEA 由委内瑞拉洛斯安第斯大学的 Mayerlin Uzcategui、Jacinto Dávila 和 Kay Tucci 开发。

8．ATOM3

ATOM3 是西班牙马德里自治大学的 Juan De Lara 和加拿大麦吉尔大学的 Hans Vangheluwe 开发的多范式建模工具。ATOM3-DEVS 是一个用于构建 DEVS 模型并为 PyDEVS 仿真器生成 Python 代码的工具，PyDEVS 仿真器由 Jean-Sébastien Bolduc 在 ATOM3 中开发。

9. SmallDEVS

SmallDEVS 是一个实验性的基于 DEVS 的仿真包。它允许基于类以及基于原型的面向对象建模，其反应式特征使得对模型的检查和交互式操作及仿真运行成为可能，而且交互式建模和仿真有图形用户界面（Graphical User Interface，GUI）支持。SmallDEVS 由捷克共和国布尔诺理工大学的 Vladimír Janoušek 和 Elod Kironsky 开发。

10. VLE

虚拟实验室环境（Virtual Laboratory Environment，VLE）是一个囊括多种 DEVS 扩展形式体系的多建模平台。VLE 为基于 DEVS 的仿真提供了完整的 C++ API，并为图形化建模、实验框架定义和仿真结果可视化提供了 GUI。VLE 目前正在利用 Swing 技术以便基于多种编程语言（Java、Python、C#）开发模型。

1.3.2　Agent 仿真平台

目前关于基于 Agent 建模（Agent-Based Modeling，ABM）尚未有统一的定义，一般认为 ABM 包含几个关键组成部分：代理、环境和规则。代理对活体群体进行建模；环境确定代理行为的环境；规则定义了潜在的代理与代理，以及代理与环境之间的交互[31]。

1. ActressMAS

ActressMAS[32]是一个用.NET 编写的基于代理的框架，其主要目标是易于学习和使用。ActressMAS 旨在允许用户专注于模型逻辑而不是学习框架，以牺牲性能为代价来增强其可访问性。根据其开发人员的说法，ActressMAS 适用于不需要快的执行速度或不包含大量代理的应用程序。

2. AgentPy

AgentPy[33]是一个开源的 Python 库，用于开发和分析与 IPython 和 Jupyter Notebook（一个基于 Web 的交互式开发环境）配合的 ABM。AgentPy 专为科学应用而设计，并具有模型探索、数值实验和高级数据分析功能。该库提供的功能可轻松创建模型及其可视化，并且这些模型可以嵌入 Jupyter Notebook。此外，AgentPy 允许建模者在并行环境中运行模拟，而无须编写并行代码。

3. Cormas

Cormas（Common-pool Resources and Multi-Agent Simulations）[34]是一个基于 VisualWorks 编程环境和 Smalltalk 语言的模拟平台。该平台主要面向非计算机科学家，并为其提供构建、设计和分析 ABM 的设施；然而，它在易用性方面的优势限制了一定的效率和可扩展性。Cormas 编辑器允许用户通过活动图定义代理行为，无须包含复杂的功能，以保持其界面尽可能简单。

4. JADE

JADE（Java Agent Development Framework）[35]是工业驱动的 JavaFIPA 兼容框架，旨在简化多智能体系统的实现，该工具已成为学术界和工业界最受欢迎的平台之一。JADE 提供了一个强大而有用的 GUI，使用户能够在执行期间控制和配置仿真，并且支持调试和开发任务。此外，该工具旨在处理分布式系统，将大部分固有的复杂性抽象化。JADE 的核心特性使其具有高度的可扩展性、健壮性、易学习性，并且能与大多数基于 Java 的平台兼容。此外，它的受欢迎程度高，有很多的用户支持，从而有完整的文档和许多教程和示例。

5. MASON

MASON[36]是一个用 Java 编写的离散事件模拟工具包，用于设计、执行和可视化 ABM。MASON 提供的功能和 API 能满足建模者常见的需求，包括常见代理的行为、环境创建和调度管理。MASON 的主要优点之一是，Java 虚拟机提供的兼容性使用户能够停止并保存模拟，并在另一台机器中恢复该模拟。MASON 非常适合计算密集型模型或长时间运行的模拟。

6. MASS

多智能体空间模拟（Multi-Agent Spatial Simulation，MASS）[37]是一种

多智能体和空间模拟，旨在满足对并行 ABM 的需求。该架构基于协调器-工作器方法，其中，协调器进程在不同的计算节点上生成工作器以运行并行模拟。MASS 通过多个 API 自动管理代理执行和迁移，以及模拟空间，这有助于模型开发（如果用户具有一些 Java 的基本知识）。

7. Mesa

Mesa[38]是一个基于 Python 的 ABM 框架，提供内置的核心组件，可轻松创建、可视化和分析模拟。Mesa 是最常用和最活跃支持的 ABM 库之一，它利用 Python 来提供易用性和可访问性。Mesa 的主要优势之一是其具有可扩展性，允许用户通过开源生态系统开发和共享其组件。这种方法创建了一个丰富的社区，为需求提供扩展，包括利用多处理器系统的可能性、对地理信息系统（Geographic Information System，GIS）数据的支持和高级分析。

8. NetLogo

NetLogo[39]是用 Java 和 Scala 实现的基于代理的建模环境，它被认为是开发 ABM 的标准平台。NetLogo 的重要性和受欢迎程度上升到突出地位要归功于其社区，该社区不断提供扩展，如 GIS 数据使用、3D 可视化，以及与其他语言的集成。NetLogo 允许建模人员通过简单易用的专用建模语言开发模型，同时提供可视化编程语言（Visual Programming Language，VPL）来创建和编辑组件以实现任何仿真。然而，其可访问性极大限制了模型的复杂性。

9. Pandora

Pandora[40]是一个用于大规模分布式代理模型（ABM）的框架，提供两种编程接口，以支持两种编程语言。pyPandora 允许非专业开发者使用 Python 快速开发模型。而 C++ Pandora 提供了一个更高效的接口，用于实现复杂模型，包括自动生成并行和分布式代码。Pandora 还包括 Cassandra，这是一个 GUI 工具，具有设计和分析单个模型执行或设置模型探索过程的功能。该工具能够运行大规模的 ABM，并处理数千个具有复杂行为的 Repast（REcursive Porous Agent Simulation Toolkit）[41]代理。

10．Repast

Repast 是一个基于代理的建模和仿真平台系列，支持多种编程语言。Repast Simphony[42]是一个基于 Java 的建模系统，提供了执行模拟中所需的所有常见任务的自动化方法，并支持几个关键的附加功能。Simphony 平台基于模块化架构，采用插件系统，可以添加广泛的外部工具。其他 Repast 版本都实现了 Repast Simphony 的核心功能。Repast4Py[43]是一个基于 Python 的框架，具有开发分布式 ABM 的功能。Repast HPC（Repast for High Performance Computing）[44]是 Repast Suite 的另一个成员，具体来说，它是一个基于 C++的建模系统，专为在大型计算集群和超级计算机上运行而设计。该工具包能够执行包含数十万个非常复杂行为的代理的大规模模拟，这些代理的执行需要高计算能力。尽管一些内置函数可用于开发模型，但 Repast HPC 仍然要求用户具有良好的编程经验，因为他们必须管理并行执行的不同方面。

1.3.3　大型军用仿真平台

美军基于 HLA 开发了一系列先进的大型仿真系统，并对所有在研仿真系统进行改造，使其与 HLA 运行支撑系统（HLA/RTI）兼容。下面介绍美军具有代表性的几个大型仿真系统。

1．扩展防空仿真系统

扩展防空仿真系统（Extended Air Defense Simulation，EADSIM）[45]是美军作战仿真系统的典型代表，能够描述空战、导弹战、空间战等多种战争情景。该系统用于作战方案分析与规划、军事训练与演习、武器装备论证与评估等领域。在海湾战争期间，美军使用 EADSIM 制订了"沙漠盾牌"行动、"沙漠风暴"行动等作战计划并拟制作战方案，取得了满意的效果。

2．联合作战仿真系统

联合作战仿真系统（Joint Warfare System，JWARS）[46]是战役级的"端

到端"的仿真推演系统，能够描述作战部队从装载到作战全过程的军事行动。该系统为美国国防部长办公室、联合参谋部、国防后勤局、司令部等美军机构提供联合作战仿真，可用于研究、试验作战计划，兵力评估，系统采办，概念与条令开发等。

3. 联合建模与仿真系统

联合建模与仿真系统（Joint Modeling and Simulation System，JMASS）[47]是在美国国防部长办公室下属的高级指导小组的领导下启动的。他们成立了一个联合项目办公室（Joint Project Office，JPO）来负责 JMASS 系统的开发。建立 JMASS 系统的目的是在提供可重用的建模与仿真库的同时，开发一个标准的数字化建模与仿真体系结构和相关工具集，以支持对武器系统的分析、开发、采办，以及测试与评估。

4. 联合仿真系统

联合仿真系统（Joint Simulation System，JSIMS）[48]由部队、代理、联合模型、综合的战场环境及 HLA/RTI 所必需的各种应用支持工具组成。陆、海、空、天、电和情报作战各单元实体在虚拟的联合作战空间内完成数据交互与信息共享，创造出一个横贯战略、战役、战术三个层次，行动自适应与自同步、逼真的虚拟作战环境。

5. 联合战区级模拟系统

联合战区级模拟系统（Joint Theater Level Simulation，JTLS）[49]由美国战备司令部、美国陆军概念分析局等部门联合资助，始建于 1983 年，是一款模拟合成、联合、联盟，空、陆、海、非政府组织环境的多边交互作战推演系统，主要用作训练辅助工具。该系统已在美国及其军事同盟中得到广泛应用和不断完善，在美泰"金色眼镜蛇"等系列军事演习中都有运用。JTLS 除了模拟常规的空、陆、海、两栖、特种作战行动，还可以模拟有限的核化作战、低强度冲突、先期冲突作战，以及人道主义援助和灾难救助行动。

6. 柔性分析建模与演习系统

柔性分析建模与演习系统（Flexible Analysis Modeling and Exercise System，FLAMES）[50]是一款基于商业化开放体系的仿真框架，可以为不同类型的系统提供行为建模和实体建模，以基类集合的方式为系统运行所需的模型提供继承的基础。

7. 先进仿真集成建模框架

先进仿真集成建模框架（Advanced Framework for Simulation, Integration and Modeling，AFSIM）[51]是一个通用的建模框架，由美国空军研究实验室（Air Force Research Laboratory，AFRL）开发和维护，能够构建典型的虚拟威胁环境和相关模型。AFSIM 是一种用于模拟和分析作战环境的软件，它可以帮助用户评估军事战略和战术决策的有效性。该软件提供了完整的仿真环境，包括各种战斗平台（如飞机、坦克、船只等）的模拟、各种武器系统的模拟，以及环境效应（如天气、地形等）的建模。AFSIM 主要用于军队的决策支持、教育训练和战术分析等方面。

8. 半自动化兵力生成系统

半自动化兵力生成系统（One Semi-Automated Forces，OneSAF）[52]是一个可重组、新一代的计算机兵力系统。该系统可对从单兵、单作战平台到营层次的作战行动、系统与控制过程进行仿真，将选定兵力单元作战行为建模至营层次，将指挥实体建模到旅层次。

9. 体系效能分析仿真系统

体系效能分析仿真系统（System Effectiveness Analysis Simulation，SEAS）[53]是美国陆军的一个推演训练仿真系统，能够为在联合作战或合成作战的作战想定下进行训练的从营到战区级的指挥员和参谋人员提供一个比较真实的仿真训练环境。

10. 网络战仿真系统

网络战仿真系统（Network Warfare Simulation，NETWARS）[54]是一个

由美国政府出资建设的项目，目的是为美军或美国政府提供一个较先进的网络仿真平台、工具，用于较可信地检验和评估美军通信网络（包含战术、战役与战略三个层次）的信息流运行状态与安全性、可靠性。

1.4 智能化仿真建模发展趋势

1.4.1 模型驱动的仿真建模

面向装备体系仿真领域，仿真建模方法概括起来主要经历了基于标准规范和面向特定领域两个发展阶段。

1. 基于标准规范阶段

这个阶段主要关注仿真模型语法上的异构，试图从语法的层面上统一模型的表示，支持语法层次上的模型可组合，探索理想的仿真模型抽象与实现机制。此阶段具体有两种仿真建模思路。

一种是在结构上强调仿真模型的模块化和组件化，通过定义开放的模型规范标准，支持建设可重用的仿真模型组件库。概念建模完成后，可通过选择和组装可重用的仿真模型组件，快速实现仿真概念模型。在武器装备作战效能仿真领域，这些模型规范主要包括 HLA/BOM[23-24]、SMP2[26]、MATLAB/Simulink[55]等。其中，HLA 标准的组件粒度一般是联邦成员，BOM 在 HLA架构下将组件粒度降低为对象，支持单个对象的重用和组合；SMP2 是欧洲空间仿真领域的建模标准，以实现仿真模型的跨平台移植和组合重用为目标，其不仅规定了模型组件和仿真器之间的接口服务规范，而且为仿真模型组件之间的交互和组合提供了丰富的表达方式；MATLAB/Simulink 通过因果框图模型规范，支持功能层次的模块组件描述，并提供面向不同领域的模块组件库来支持仿真模型的组件化开发。

另一种是在行为上侧重实现概念模型与仿真实现的一体化，通过形式化、图形化仿真建模技术，使模型描述同时满足人可理解和计算机可执行的要求。然而，不同类型的仿真模型需要不同类型的计算范式与描述方法，因此，如何充分利用各类形式化仿真建模技术是实现仿真建模的关键。当前，典型的形式化仿真建模技术包括 Petri 网[56]、有限状态机（Finite State Machine，FSM）[57]、DEVS[29]等。这些建模技术能够将现实系统实现为可执行的仿真模型，但同时需要定义相应的建模语言，通常包括抽象语法和执行语义两个层面。传统建模语言将执行语义固化在建模仿真工具底层的仿真引擎中，而仿真模型的表示本身并不包含执行语义。在仿真运行时，仿真引擎根据执行语义对仿真模型中的信息展开执行，产生描述的行为。

实际上，上述两种仿真建模思路只是对现实系统表示的不同视角。前者面向仿真模型的动态行为描述，后者则注重解决仿真模型的静态结构描述，二者并不矛盾，可以联合使用。一方面，在系统静态结构表示上，根据组件化技术设计武器装备作战仿真模型框架；另一方面，在系统动态行为表示上，对于模型框架中的每个模型组件，选取针对性的形式化、图形化仿真建模技术，以支持其动态行为建模。

2. 面向特定领域阶段

这个阶段在上一阶段的基础上，偏重语义表达上的差异，从语义的层面建立模型元素之间的映射并制定元素映射的方法，支持语义层次上的模型可组合，实现仿真模型在语法和语义上的组合重用。此阶段主要有两种仿真建模思路。

一种是基于通用仿真平台，面向某一具体作战体系对抗仿真应用问题设计应用级模型框架。例如，基于 KD-HLA 的联合作战模型框架[58]、基于 CISE（Component-based Integrated Modeling and Simulation Environment）的网络化防空模型框架[59]、基于 SMP 的海战模型框架[60]等。这些模型框架一般由仿真平台支持方和应用模型开发方联合开发完成，并体现在一个个仿真系统应用项目中。因此，这些模型框架主要是应用级模型框架，而不是领域级模型框架，在其他应用问题上的重用性并不在这些模型框架的考虑范围。

另一种则是面向某一类型作战体系对抗仿真应用问题设计领域级模型框架。该模型框架并不面向某一类具体应用问题，而是综合考虑了有关应用领域内的大量相关模型类型，通过参数化、组件化、抽象化等技术进行通用化设计，提供基础模型组件库，支持领域内不同作战体系对抗仿真应用问题的快速组合式构建。以领域级模型框架为约束规范可以开发强大的领域级作战体系对抗仿真系统，美军这样的领域级作战体系对抗仿真系统主要包括 EADSIM[45]、JTLS[47]、SEAS[53]等。

从通用化的观点来看，领域级模型框架在支持模型组件化和可组合重用方面较应用级模型框架更为先进。然而，建立通用领域级模型框架也面临一些挑战。一方面，领域级模型框架的设计人员需要对相关问题领域的专业知识有深入了解，同时要求领域级模型框架设计人员精通软件架构和相关仿真建模技术；另一方面，应用级模型框架可以根据应用项目需求在项目完成时进行交付，而领域级模型框架的建立则需要更高的门槛，并且这是一个不断扩展和完善的长期过程，需要领域专家或仿真应用人员参与领域级框架建设的整个周期。

1.4.2　数据驱动的数据建模

上述建模规范、形式体系、仿真协议等属于以模型为核心的建模技术，着重解决仿真模型在语法、语义上的组合重用问题，可归类为模型驱动的仿真建模方法。然而，随着武器装备作战系统收集、存储、传输和处理数据能力的快速提升，系统积累了大量数据，迫切需要对数据进行有效分析，挖掘数据的潜在价值，因此，武器装备作战建模正在进入以数据为核心的智能化建模新阶段[61]。目前，用于武器装备作战效能仿真领域的建模方法主要包括两个方面：一是数据处理和分析技术，如数据耕耘、数据挖掘等；二是各类用于数据分析的机器学习算法。

数据耕耘技术由美国海军陆战队作战开发司令部（Marine Corps Combat Development Command，MCCDC）于 1998 年提出[62]。这项技术自问世以来就引起了各国军方的广泛关注，许多学者进一步完善和补充了该技术。如今普遍认为，数据耕耘技术主要包括施肥、栽培、种植、收获及再生等过程[63]。与之相比，数据挖掘技术则是一种理论与应用都相对成熟的海量数据处理方法。数据挖掘起源于从数据库中发现知识，首次出现于 1989 年 8 月在美国密歇根州底特律举行的第十一届国际人工智能联合会议上。数据挖掘也被称为数据库中的知识发现，它是一个从大量数据中抽取未知、有价值的模式或规律等知识的复杂过程[64]。

机器学习为数据分析技术提供了分析手段，它主要研究如何从数据中提取模式和模型的理论和算法，即学习算法，它是人工智能发展到一定阶段的必然产物[65]。许多数据挖掘方法都源自机器学习，传统的机器学习算法如线性判别分析、逻辑回归、决策树、随机森林、神经网络、支持向量机等已经发展出深度学习、强化学习、深度强化学习等新算法。

1.4.3　模数驱动的混合建模

在军事建模仿真领域，虽然模型驱动或数据驱动的概念由来已久，但是模数驱动的混合建模方法并不多见。然而，随着大数据时代的来临，集成模型与数据的建模方法开始显露端倪。举例来说，在 2013 年冬季仿真会议（Winter Simulation Conference，WSC）上，Miller[66]提出了建模连续体（Modeling Continuum）的概念，以精确表达预测性分析和仿真建模的关系；2014 年 WSC 的主题为 "Exploring Big Data through Simulation"[67]；2015 年 Tolk[68]在 WSC 上提出下一代建模与仿真将会集成大数据与深度学习。

类似双轮驱动的概念还包括灰箱建模[69]、混合建模[70]、互补式协作建模[71]、知识计算[72]、可解释人工智能[73]、机理和数据融合[74]等。这些建模方法都将模型和数据视为建模的基础，大致可分为三类：以模型为主要建模资源、以数据为主要建模资源和注重模型与数据的互联。

一是以仿真建模为主、数据建模为辅。通过数据建模减少仿真实验的输入样本、估计模型参数、评估仿真结果与预测分析等，能有效地节省计算与仿真存储资源，降低仿真模型主观性，增强系统行为预测准确性。该方法适用于已积累丰富的领域知识和仿真模型的系统，是当前大多数成熟的仿真系统的首选方法。此方法的典型应用：在生产制造和物流领域的仿真与数据分析混合式应用[75]；Saadawi[76]等人在 DEVS 仿真器中集成机器学习，有效地优化了仿真执行时间；Wang[77]等人提出双层学习流，并应用在芯片设计领域。

二是以数据建模为主、仿真建模为辅，通过仿真建模生成数据模型所需的大量数据样本。此方法的优势在于节省数据采集开销，数据模型接收仿真数据从而蕴含一定的领域知识，适用于已长期积累大量数据，但数据再次采集困难或采集代价高昂的系统。此方法的典型应用包括 Deist[78]等人提出仿真作为机器学习过程的预处理阶段、Shao[79]等人提出仿真用于生成数据流。

三是注重模型与数据互联。此方法比较具有代表性的是数字孪生（Digital Twin），最早的是密歇根大学的 Grieves[80]于 2002 年针对产品全生命周期管理提出的"镜像空间模型"。2011 年，美国空军实验室明确提出面向未来飞行器的数字孪生体范例[81]。它是面向物理对象的数字模型，该模型可以通过接收来自物理对象的数据而实时演化，从而与物理对象在全生命周期保持一致[82-83]。基于数字孪生可以进行分析、预测、诊断和训练等，并将仿真结果反馈给物理对象，从而帮助物理对象进行优化和决策[84]。

1.5 小结

综上所述，当前用于装备体系仿真建模的方法大致可分为三类：模型驱动、数据驱动和模数驱动，其对比如表 1-2 所示。可以看到，单独基于模型驱动或数据驱动的建模方法已经形成了许多普遍共识的建模标准和相关技术，并取得了不错的成果和实践应用。但是，模数驱动的数字化建模方法还处于初期阶段，尚待进一步发展与完善，尤其是在武器装备作战效能仿真领域的应用。

表 1-2 装备体系仿真建模的方法对比

方 法	实 质	依 据	优 势	不 足	适 用 性	典型技术
模型驱动	仿真建模（白箱建模）	物理或行为规则（因果关系）	仿真模型重用性较高；模型泛化能力强	仿真资源占用率高；模型粒度难把握，预测准确性低；主观性强	机理清楚、知识易于表达的系统，以及新概念系统设计	微分方程、DEVS、Petri网、SMP2、领域级或应用级模型框架技术、模型驱动工程技术

（续表）

方　法	实　质	依　据	优　势	不　足	适 用 性	典 型 技 术
数据驱动	数据建模（黑箱建模）	观测数据（关联关系）	预测准确性较高；计算和仿真资源占用率低	不能应对环境变化及突发事件，泛化能力弱；无法对新概念系统进行预测	已长期积累大量数据且机理逻辑比较复杂的非线性系统	数据耕耘、数据挖掘、众包、云计算、大数据、机器学习、深度学习
模数驱动	混合建模（灰箱建模）	融合机理与数据（因果+关联）	具备仿真建模和数据建模的优势	对建模人员要求高，需具备多学科知识，学习曲线长	仿真建模或数据建模不能准确描述的复杂系统	集成仿真建模与数据建模各类技术，包括数字孪生、数字决策、元宇宙等

针对武器装备作战数字化建模方法所面临的标准化、领域化、工程化和智能化四个现实挑战，下面着重论述模型驱动、数据驱动和模数驱动这三类方法在应对这些挑战时所存在的问题。

首先，模型驱动的仿真建模方法在标准化方面目前已诞生了比较通用的模型规范、建模范式和仿真协议，较好地解决了仿真模型语法层面的异构问题。在语义层面，模型驱动的仿真建模方法虽然针对特定的领域建立了许多领域级或应用级模型框架，但仿真模型所蕴含的语义信息如何被表达和被理解还有所欠缺，而且 MDE 的应用尚待加强，依然存在仿真模型冗余信息量较大、难以快速精确定位、工程化程度不高、组合重用困难等问题，且其不具备智能化建模能力。

其次，数据驱动的智能化建模方法以观测数据为核心，通过集成大数据、人工智能具备较好的智能化建模能力，但由于武器装备作战领域的特殊性，这类强依赖于观测数据的方法往往得不到较好的发挥。在标准化、领域化和工程化方面，此类建模方法虽然有比较稳定和开放的机器学习算法库作为支撑，但由于武器装备作战数据的多样性、动态性和不稳定性，通常并没有标准化的数据，数据语义也得不到较好的解释，数据的处理、分析和应用缺乏系统的、规范的管理。

最后，模数驱动的实质是模型驱动与数据驱动的优势互补，这类方法泛指针对特定问题，使用以仿真建模或数据建模为主，或联合使用两者进行建模的方法。理论上，模数驱动的方法在标准化、领域化、工程化和智能化方面都具备较好的优势，但在目前实践中研究得比较少，缺乏统一的指导规范，特别是模数双轮驱动的内在机理尚不明确，有待进一步研究。

参考文献

[1] 李伯虎, 柴旭东, 张霖, 等. 面向新型人工智能系统的建模与仿真技术初步研究[J]. 系统仿真学报, 2018, 30（2）：349–362.

[2] 吴俊杰, 刘冠男, 王静远, 等. 数据智能：趋势与挑战[J]. 系统工程理论与实践, 2020, 40（8）：2116–2149.

[3] 雷永林, 朱智, 甘斌, 等. 基于仿真的复杂武器系统作战效能评估框架研究[J]. 系统仿真学报, 2020, 32（9）：1654–1663.

[4] 黄柯棣, 刘宝宏, 黄健, 等. 作战仿真技术综述[J]. 系统仿真学报, 2004, 16（9）：1887–1895.

[5] 张霖, 周龙飞. 制造中的建模仿真技术[J]. 系统仿真学报, 2018, 30（6）：1997–2012.

[6] 张霖, 张雪松, 宋晓, 等. 面向复杂系统仿真的模型工程[J]. 系统仿真学报, 2013, 25（11）：2729–2736.

[7] SARJOUGHIAN H S. Model Composability[C]//In Proceedings of the 38th Conference on Winter Simulation. Monterey, CA, December 2006: 149–158.

[8] SZABO C, TEO Y M. On Syntactic Composability and Model Reuse[C]//In Proceedings of the First Asia International Conference on Modeling and Simulation. Phyket, Thailand, March 2007: 230–237.

[9] NORDSTROM G, SZTIPANOVITS J, KARSAI G, et al. Metamodeling-Rapid Design and Evolution of Domain-Specific Modeling Environments[C]//In Proceedings of the 1999 IEEE Conference on Engineering of Computer-based Systems. Nashville, Tennessee, March 1999: 68–74.

[10] Object Management Group. OMG Unified Modeling Language (OMG UML): Superstructure, Version 2.1.2[EB/OL]. (2007-11-02)[2024-06-03]. https://www.omg.org/spec/UML/2.1.2/Superstr-ucture/PDF.

[11] KLEPPE A, WARMER J, BAST W. MDA Explained: The Model Driven Architecture™: Practice and Promise[M]. Boston, MA: Addison-Wesley, 2003.

[12] GRONBACK R C. Eclipse Modeling Project: A Domain-Specific Language (DSL) Toolkit[M]. Boston, MA: Addison-Wesley, 2009.

[13] KELLY S, TOLVANEN J. Domain-Specific Modeling: Enabling Full Code Generation[M]. Hoboken: John Wiley & Sons, Inc., 2008.

[14] FOWLER M. Domain-Specific Languages[M]. Boston, MA: Addison-Wesley, 2010.

[15] Object Management Group. SysML specification, version 1.2 formal[EB/OL]. (2010-06-02)[2024-04-20]. http://www.sysml.org/specs.htm2010.

[16] Object Management Group. UML profile for schedulability, performance, and time specification, version 1.1, formal[EB/OL]. (2005-01-02)[2024-04-20]. http://www.omg.org/spec/SPTP.

[17] Object Management Group. UML Profile for MARTE: Modeling and Analysis of Real-Time Embedded Systems, version 1.1 [EB/OL]. (2010-06-02)[2024-04-20]. http://www.omg.org/spec/MARTE/1.1/PDF.

[18] Eclipse Foundation. Eclipse Modeling Framework (EMF)[EB/OL]. [2024-04-20]. http://www. eclipse.org/modeling/emf/.

[19] WARMER J, KLEPPE A. The Object Constraint Language: Precise Modeling with UML[M]. Boston, MA: Addison-Wesley, 1999.

[20] ZSCHALER S, KOLOVOS D S, DRIVALOS N, et al. Domain-Specific Metamodelling Languages for Software Language Engineering[C]//In Proceedings of the Second International Conference on Software Language Engineering. Denver, CO, October, 2009: 334–353.

[21] DE LARA J, GUERRA E, COBOS R, et al. Extending deep meta-modelling for practical model-driven engineering[J]. The Computing Journal, 2014, 57(1): 36–58.

[22] SOTTILARE V I R. 1278.1-2012-IEEE Standard for Distributed Interactive Simulation-Application Protocols[EB/OL]. [2024-04-20]. https://ieeexplore.ieee.org/document/6387564.

[23] IEEE Computer Society. 1516-2010-IEEE standard for modeling and simulation high level architecture-framework and rules[EB/OL]. (2010-08-18)[2024-04-20]. https://ieeexplore.ieee.org/document/5553440.

[24] SISO. Base object model (BOM) template specification[EB/OL]. (2006-3-31)[2024-04-20]. http://www.sisostds.org.

[25] SCHLESSELMAN J M, PARDO-CASTELLOTE G, FARABAUGH B. OMG data-distribution service (DDS): architectural update[C]//In Proceedings of Military

Communications Conference. Monterey, CA, 2004: 961–967.

[26] ESA. SMP 2.0 handbook (issue 1 revision 2) EGOS-SIM-GEN-TN-0099[EB/OL]. [2024-04-20]. https://ecss.nl/hbstms/ecss-e-tm-40-07-volume-1a-simulation-modellin-platform-volume-1-principles-and-requirements-25january2011/.

[27] HUDGINS G, POCH K, SECONDINE J. The Test and Training Enabling Architecture, TENA, Enabling Technology for the Joint Mission Environment Test Capability (JMETC) and Other Emerging Range Systems[C]//In Proceedings of International Telemetering Conference. Albuquerque, New Mexico, February 2009: 1–9.

[28] ELMQVIST H. Modelica-A unified object-oriented language for physical systems modeling[J]. Simulation Practice and Theory, 1997(6): 32.

[29] ZEIGLER B P, PRAEHOFER H, KIM T G. Theory of modeling and simulation: integrating discrete event and continuous complex dynamic Systems[M]. 2nd ed. San Diego: Academic Press, 2000.

[30] Advanced Real-Time Simulation Laboratory. DEVS Tools-Simulation Everywhere [EB/OL]. [2024-04-20]. https://arslab.sce.carleton.ca/index.php/devs-tools/.

[31] MACAL C M. Everything you need to know about agent-based modelling and simulation[J]. J. Simul, 2016, 10(2): 144–156.

[32] FLORIN L. ActressMAS, a .NET Multi-Agent Framework Inspired by the Actor Model[J]. Mathematics, 2022, 10(3): 382.

[33] FORAMITTI J. AgentPy: A package for agent-based modeling in Python[J]. J. Open Source Software, 2021, 6: 3065.

[34] BOMMEL P, BECU N, LE P C, et al. Cormas: An Agent-Based Simulation Platform for Coupling Human Decisions with Computerized Dynamics[C]//In Proceedings of the Simulation and Gaming in the Network Society. Singapore, 2016: 387–410.

[35] BELLIFEMINE F, POGGI A, RIMASSA G. Developing multi-agent systems with a FIPA-compliant agent framework[J]. Software: Practice and Experience, 2001, 31(2): 103–128.

[36] LUKE S. MASON: A Multiagent Simulation Environment[J]. Simulation, 2005, 81(7): 517–527.

[37] CHUANG T, FUKUDA M. A Parallel Multi-agent Spatial Simulation Environment for Cluster Systems[C]//In Proceedings of the 2013 IEEE 16th International Conference on Computational Science and Engineering. Sydney, Australia, December

2013: 143–150.

[38] KAZIL J, MASAD D, CROOKS A. Utilizing Python for Agent-Based Modeling: The Mesa Framework[C]//In Proceedings of the Social, Cultural, and Behavioral Modeling. Berlin/Heidelberg, Germany: Springer Cham, 2020: 308–317.

[39] WILENSKY V. Modeling nature's emergent patterns with multi-agent languages[C]//In Proceedings of the EuroLogo. Linz, Austria, August 2001: 21–25.

[40] RUBIO-CAMPILLO X. Pandora: A Versatile Agent-Based Modelling Platform for Social Simulation[C]//In Proceedings of The Sixth International Conference on Advances in System Simulation. Nice, France, October 2014: 29–34.

[41] NORTH M J, COLLIER N T, VOS J R. Experiences creating three implementations of the repast agent modeling toolkit[J]. ACM Trans. Model. Comput. Simul, 2006, 16(1): 1–25.

[42] NORTH M J, COLLIER N T, OZIK J, et al. Complex adaptive systems modeling with Repast Simphony[J]. Complex Adapt. Syst. Model, 2013, 1(1): 1–26.

[43] COLLIER N T, OZIK J, TATARA E R. Experiences in Developing a Distributed Agent-based Modeling Toolkit with Python[C]//In Proceedings of the 2020 IEEE/ACM 9th Workshop on Python for High-Performance and Scientific Computing (PyHPC). Atlanta, GA, November 2020: 1–12.

[44] COLLIER N, NORTH M. Parallel agent-based simulation with Repast for High Performance Computing[J]. Simulation, 2013, 89(10): 1215–1235.

[45] AZAR M C. Assessing the treatment of airborne tactical high energy lasers in combat simulations[D]. Dayton, OH: Air Force Institute of Technology, 2003.

[46] MAXWELL D T. An Overview of The Joint Warfare System (JWARS)[R]. McLean, Virginia: MITRE, 2000.

[47] MEYER R J. Joint modeling and simulation system-what it implies and what that means[R]. 01F-SIW-109 Simulation Interoperability Standards Organization (SISO), Simulation Interoperability Workshop (SIW), 2001.

[48] CARLISLE P, BABINEAU W, WUERFEL R. The Joint Simulation System (JSIMS) Federation Management Toolbox[R]. Simulation Interoperability Workshop, 2003.

[49] CHEN Y Z, ZHANG P. Modeling and simulation oriented to the multi-military mission of U.S. army[J]. Journal of Command and Control, 2018, 4(2): 89–94.

[50] NILAND W M. The migration of a collaborative UAV testbed into the flames simulation environment[C]//In Proceedings of the 2006 Winter Simulation

Conference. Arlington, VA, 2006: 1266–1274.

[51] CLIVE P D, JOHNSON J A, MOSS M J, et al. Advanced Framework for Simulation, Integration and Modeling (AFSIM)[C]//In Proceedings of the International Conference on Scientific Computing: 2015, 73–77.

[52] COURTEMANCHE A J, WITTMAN R L. OneSAF: A Product Line Approach for a Next-Generation CGF[C]//In Proceedings of the 11th Conference on Computer-Generated Forces and Behavior Representation. Orlando, Florida, May 2002.

[53] MILLER J O, JASON L, HONABARGER B. Modeling and Measuring Network Centric Warfare (NCW) With the System Effectiveness Analysis Simulation (SEAS)[C]//In Proceedings of the 11th ICCRTS Coalition Command and Control in the Networked Era. June 2006: 1–20.

[54] YOUCEF A S. NETWARS: toward the definition of a unified framework for modeling and simulation of joint communication systems[C]//In Proceedings of SPIE, 1998, 3393: 162–169.

[55] 李连军, 戴金海. 基于 Simulink 模型的 COM 组件及其性能分析[J]. 计算机仿真, 2005, 22(9): 95–98.

[56] PETERSON J L. Petri net theory and the modeling of systems[M]. Upper Saddle River, NJ: Prentice Hall, 2010.

[57] GILL A. Introduction to the theory of finite-state machines[M]. New York: McGraw-Hill, 1962.

[58] HUANG J, ZHAO X Y, HAO J G, et al. Brief introduction of KD-HLA: an integrated environment to support M&S based on HLA[C]//Proceedings of the Second International Conference on Computer Modeling and Simulation. Washington, D.C., USA: ACM, 2010: 281–283.

[59] 杜广宇, 李雪飞, 韩颖超, 等. 基于 CISE 环境的导弹武器仿真系统[J]. 火力与指挥控制, 2016, 41(1): 148–151.

[60] 雷永林, 苏年乐, 李竞杰, 等. 新型仿真模型规范 SMP2 及其关键应用技术[J]. 系统工程理论与实践, 2010, 30(5): 899–908.

[61] SCHADD M, DEREUS N M, UILKEMA S, et al. Data-driven behavioural modelling for military applications[J]. Journal of Defence & Security Technologies, 2022, 4 (1): 12–36.

[62] ALFRED G B, GARY E H. Data Farming: A meta-technique for research in the 21st century, Maneuver Warfare Science[EB/OL]. [2024-04-20]. http://www.projectalbert.org.

[63] BARRY P, ZHANG J P, MCDONALD M. Architecting a knowledge discovery engine for military commanders utilizing massive runs of simulations[C]//Proceedings of the Ninth ACM SIGKDD International Conference on Knowledge Discovery and Data Mining. Washington, D.C., USA: ACM, 2003: 699–704.

[64] 朱明. 数据挖掘[M]. 合肥: 中国科学技术大学出版社, 2002.

[65] 周志华. 机器学习[M]. 北京: 清华大学出版社, 2016.

[66] MILLER, J A, COTTERELL M E, BUCKLEY S J. Supporting a modeling continuum in scalation: from predictive analytics to simulation modeling[C]// Proceedings of the 2013 Winter Simulation Conference. Washington D.C., USA: ACM, 2013: 1191–1202.

[67] WSC. Exploring big data through simulation[EB/OL]. [2024-04-20]. http://www. wintersim. org/2014/call.html.

[68] TOLK A. The next generation of modeling & simulation: integrating big data and deep learning[C]// Proceedings of the Conference on Summer Computer Simulation. San Diego, CA, USA: ACM, 2015: 1–8.

[69] AFRAM A, SHARIFI F. Review of modeling methods for HVAC systems[J]. Applied Thermal Engineering, 2014, 67(1–2): 507–519.

[70] THIERRY A S, BASTIEN P, VITTORI E, et al. "Smart Entity": How to build DEVS models from large amount of data and small amount of knowledge?[C]// Proceedings of Simulation Tools and Techniques. Berlin/Heidelberg, Germany: Springer Cham, 2019: 615–626.

[71] KIM B S, KANG B G, CHOI S H, et al. Data modeling versus simulation modeling in the big data era: case study of a greenhouse control system[J]. Simulation, 2017, 93(7): 579–594.

[72] 华为技术有限公司. 知识计算白皮书-使能行业智能化升级的全新路径[R]. 2022.

[73] 孔祥维, 唐鑫泽, 王子明. 人工智能决策可解释性的研究综述[J]. 系统工程理论与实践, 2021, 41(2): 524–536.

[74] FINEGAN D P, ZHU J, FENG X N, et al. The application of data-driven methods and physics-based learning for improving battery safety[J]. Joule, 2020, 5(2): 316–329.

[75] LAROQUE C, SKOOGH A, GOPALAKRISHNAN M. Functional interaction of simulation and data analytics-potentials and existing use-cases[C]//Proceedings of Simulation in Produktion und Logistik 2017. Kassel, Germany: Kassel University Press, 2017: 403–412.

[76] SAADAWI H, WAINER G, PLIEGO G. DEVS execution acceleration with machine learning[C]//Proceedings of the 2016 Symposium on Theory of Modeling & Simulation. Pasadena, CA, 2016: 1–6.

[77] WANG L C, MAREK-SADOWSKA M. Machine learning in simulation-based analysis[C]// Proceedings of the 2015 Symposium on International Symposium on Physical Design. Monterey, CA, 2015: 57–64.

[78] DEIST T, PATTI A, WANG Z Q, et al. Simulation assisted machine learning[J]. Bioinformatics, 2019, 35(20): 4072–4080.

[79] SHAO G D, SHIN S J, JAIN S. Data analytics using simulation for smart manufacturing[C]//Proceedings of the 2014 Winter Simulation Conference. Savannah GA, 2014: 2192–2203.

[80] GRIEVES M W. Product lifecycle management: the new paradigm for enterprises[J]. International Journal of Product Development, 2005, 2(1-2): 71−84.

[81] GLAESSGEN E, STARGEL D. The Digital Twin Paradigm for Future NASA and U.S. Air Force Vehicles[C]//Proceedings of the 53rd AIAA/ASME/ASCE/AHS/ASC Structures, Structural Dynamics and Materials Conference. Honolulu, HI, 2012: 1818−1832.

[82] 陶飞, 马昕, 胡天亮, 等. 数字孪生标准体系[J]. 计算机集成制造系统, 2019, 25(10): 2405–2418.

[83] 陶飞, 刘蔚然, 刘检华, 等. 数字孪生及其应用探索[J]. 计算机集成制造系统, 2018, 24(1): 1–18.

[84] 杨林瑶, 陈思远, 王晓, 等. 数字孪生与平行系统: 发展现状、对比及展望[J]. 自动化学报, 2019, 45(11): 2001–2031.

第 2 章

本体元建模技术

在基于语义的仿真模型可组合中，通过语义明确的本体元模型可以统一表达交互协议、规范及组合信息的含义。这使仿真建模人员可以根据组合信息进行更深入的推理，以确定不同仿真模型之间是否可以组合，以及组合的类型，从而提高仿真模型语义可组合的有效性。

2.1 本体元建模

2.1.1 模型与本体

模型是基于特定目的对事实的表达[1]。模型可以用来表达不同的事实，如领域、语言和系统。系统模型是基于特定目的对系统及系统环境的描述或规范。根据这一定义，模型可分为描述型模型和规约型模型两种类型。描述型模型描述事实，其正确与否依据事实；而规约型模型规定事实，其正确与否取决于模型本身。例如，在系统设计与开发中，大多数模型规定了系统实现的方式，符合这些规定的系统被认为是正确的，属于规约型模型；相反，有些模型描述事实的运行规律，如果这些规律符合实际系统或观测结果，那么这些模型是正确的，属于描述型模型。

本体是基于开放性世界假设（Open World Assumption，OWA）的描述型模型，用于表达事实共性的概念、关系及约束。OWA 认为凡是没有被显示表达出来的都是未知的，与之对应的是封闭性世界假设（Closed World

Assumption，CWA），大多数模型基于 CWA。CWA 认为没有被显示表达出来的都是否定的，即如果我们在知识库中推不出 P 或 P 的否定，就把 P 的否定加入知识库。例如，图 2-1 所示为继承结构的规约型与描述型表达，当我们定义某个类时，可能定义 B 和 C 都是 A 的子类，B 和 C 有可能不相交，虽然这个未知的信息用 UML 没有表示，但是基于 OWA 的网络本体语言（Web Ontology Language，OWL）就可以表示。

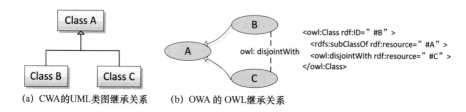

(a) CWA的UML类图继承关系　　(b) OWA 的 OWL继承关系

图 2-1　继承结构的规约型与描述型表达

OWL 描述的本体具有丰富的语义，支持逻辑推理，具有传递性、互逆性和对称性。例如，如果概念 A 是 B 的一部分，则可以推断出 B 有一部分是 A；又如，若 C 是 B 的子类，B 是 A 的子类，则可以推断出 C 是 A 的子类。

本体的两种层次划分如图 2-2 所示。通常，本体根据概念描述粒度大小可分为参考本体与本地本体。参考本体是比较稳定的，通常由标准组织发布，小范围内一般由项目主要负责人界定，目的是规范下层本地本体的表达，其作用与元模型类似，用于复用上层概念和关系。在定义下一层本体时，从上层本体中选择合适的概念进行特化或扩展，以实现概念和关系的复用，从而保证本体的高标准性和质量。在具体应用中，本体可分为顶层本体、领域本体、任务本体和应用本体[2]。各本体层次之间的关系如下。

（1）顶层本体描述普通的仿真建模概念和关系，如描述实体、事件、时间等概念的本体独立于具体的应用领域。

（2）领域本体和任务本体描述特定领域中的概念和关系，前者着重于静态领域知识的显示表达，后者描述的则是特定任务或行为中的概念及概念之间的关系。

（3）应用本体是针对特定的应用而定制的本体。

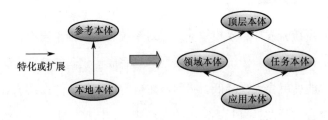

图 2-2　本体的两种层次划分

在装备效能仿真领域中，对地面或空中来袭的目标进行判别，需要对初步观测到的数据进行处理和过滤，最终根据数据库参数来判定目标的类型。假设存在两个本体，即 O1 和 O2，如图 2-3 所示。O1 是参考本体，它描述了基本过程的含义，如图 2-3（a）所示。该过程的主要含义是输入（in）经过过程（Process）处理后产生输出（out）。目标识别（Target Identifier）是过程（Process）的一个实例，它以观测数据（observed data）为输入，输出目标威胁的实体类型（threat type）。图 2-3（b）所示为本地本体 O2，它复用了参考本体的输入和输出，并额外增加了两个子过程，分别为子过程 A（SubProcess A）和子过程 B（SubProcess B），以及同时作为 A 的输出与 B 的输入的临时数据（temp）。这两个子过程分别实例化为目标尺寸过滤器（Size Filter）和雷达反射截面积（Radar-Cross Section，RCS）过滤器（RCS Filter），临时数据（temp）实例化为经过子过程 A 过滤后的数据（refined data）。

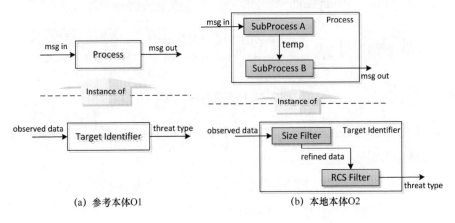

(a) 参考本体O1　　　　　　　(b) 本地本体O2

图 2-3　参考本体与本地本体示例

2.1.2　元模型

在仿真系统开发中，元模型提高了对系统表达的抽象层次，是实现仿真资源重用的关键手段。传统的仿真模型一旦完成了代码的编写，其再次重用与组合的可能性就会大大降低，特别是在当前军事应用仿真系统对于仿真模型重用与组合式开发具有紧迫需求的大环境下，依赖于定义良好的仿真模型规范比手工完成多个仿真模型的开发更为可行、可靠。

元模型是对一类特定建模对象的表达，按照元模型得到的模型是正确的，因此元模型是一种规约型模型。一般来说，"元"（Meta）与计算、模型、语言、数据等概念结合使用，形成元计算、元模型、元语言、元数据等名词，在抽象层次上表示"超""基本""规范"等含义。通常情况下，可以说元模型是规约模型的模型，元数据是规约数据的数据，元语言是规约语言的语言。

在相似关系层次中[3]，元模型与模型的关系是规约关系。相似关系的分类如图 2-4 所示。

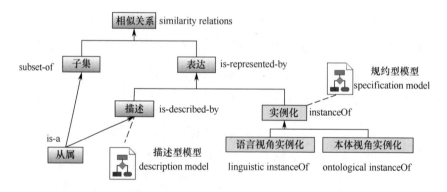

图 2-4　相似关系的分类

（1）表达关系是一种相似关系，存在于模型与相应事实之间，可以说模型是特定事实的表达。

（2）描述关系存在于描述型模型中，例如，本体描述事实，事实中的对象通过描述型模型中的概念进行描述。

（3）规约关系存在于规约型模型中，例如，元模型规约事实，事实中的对象由模型中的概念实例化。规约关系可以从语言视角和本体视角进行派生。前者从语言定义的角度看待表达元素与被表达对象之间的规约关系，后者则从领域分析的角度看待表达元素与被表达对象之间的规约关系。

（4）从属关系通常以结构或行为继承的方式来共享公共特征，如鱼雷开发自制导武器，故鱼雷和制导武器具有共同的结构或行为。从属关系常常包含集合的语义，它是子集关系的子关系，例如，子类的所有对象都是父类对象的成员。同时，从属关系也是描述关系的子关系，例如，父类可以描述子类中的所有对象。然而，从属关系并不表示实例化，它不是规约关系的子关系，例如，父类并不是子类的模板或规范。

在元模型中，"元层次"表示元模型（描述对象）与模型（被描述对象）之间的关系层次。典型的 MOF 是一个被广泛采用的元体系层次结构，它是一个严格的四层元建模架构，每一层的模型元素都必须严格与上一层的某一个模型元素对应，即上层的模型元素规约下层的模型约束。

可以观察到，MOF 的元体系结构是递推式的。在这个递推结构中，通常根据具体应用领域的复杂程度和抽象层次来确定合适的"元停止策略"[4]：如果特定的"元层次"只存在单个模型实例，那么就不再需要抽象出更高层来规约多个模型实例的差异性，因此该层就是元体系的顶层，递推结构自然终止。

通常情况下，根据 UML/MOF 建立元模型有三种方法：UML 元模型轻度级扩展、UML 元模型扩展和重新定制元模型，如图 2-5 所示。前两种方法不改变 UML 元模型的结构，属于 UML Profile 扩展方法[5]；而最后一种方法完全脱离 UML 元模型的限制，是元模型的重定制方法。

（1）UML 元模型轻度级扩展不会改变 UML 元模型的结构，也不允许增加新的建模元素，虽然可以增加约束，但不能改变原有的 UML 元模型约束。这种方法适用于 UML 元模型与特定领域高度一致的情况。例如，在 UML 元模型中，一个类可以有多个关联，而一个关联只能与一个类相关联。在军事仿真应用系统中，假设某水面舰艇只能携带两种武器，在 M1 层上，可以在 UML 元类 Class 上添加 OCL 约束；在 M2 层中，如果水面舰艇已经装备了鱼雷和导弹两种武器，那么再增加第三种武器类型如水雷就是语法错误的。

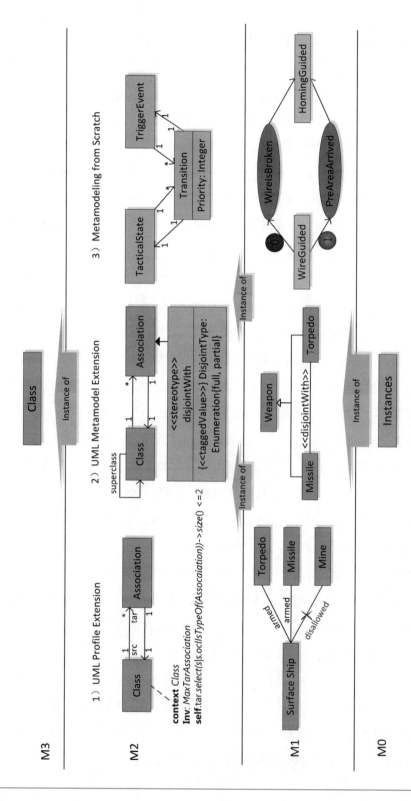

图 2-5 根据 UML/MOF 建立元模型的三种方法

（2）UML 元模型扩展是在不改变原有 UML 元模型的基础上引入新的建模元素，相比于第一种扩展方法，它提高了一定的灵活性。这种方法适用于现有的 UML 建模元素无法满足特定领域建模概念结构或关系表达的情况。例如，在原有的 UML 元模型中，存在类之间的继承结构，但无法表达子类之间的互斥关系。假设在实际应用中，我们想要表达导弹和鱼雷是武器的子类，并且导弹和鱼雷是互斥的，即不存在某种武器既是导弹又是鱼雷的情况，那么在 UML 元模型中可以添加一个名为"disjointWith"的泛型（<<stereotype>>），并为该泛型添加一个名为"DisjointType"的标记值类型（<<taggedValue>>）。此外，该标记值类型可以是枚举型（<<Enumeration>>），包含"full"和"partial"两个值：前者表示完全互斥，即若 B 与 C 都是 A 的子集，那么 $B \cap C = \varnothing$ 且 $B \cup C = A$；后者表示不完全互斥，即若 B 与 C 都是 A 的子集，那么 $B \cap C = \varnothing$ 且 $B \cup C \subseteq A$。

（3）重新定制元模型具有最高的灵活性，完全脱离了 UML 元模型的限制，根据特定领域的概念与关系重新定制建模元素。这种方法适用于需要突破 UML 元模型限制，建立全新 DSL 的情况。例如，在 UML 元模型中，如果我们想定制关于事件（Event）的建模元素，来表达事件与状态的触发、事件与事件的连续触发等，那么我们需要将事件作为一个独立的节点建模元素。假设使用前两种扩展方法，若将该事件扩展自元类"Event"则可能无法满足需求，若扩展自元类"Class"则可能违背建模元素的语义，因此需要改变原 UML 元模型的结构，根据应用需求重新定制元模型。

在 M2 层，我们新建了战术状态（TacticalState）、触发事件（TriggerEvent）和过渡关系（Transition）三个建模元素。一个战术状态能够连接多个过渡关系，从而与其他战术状态或触发事件产生关联，而一个过渡关系只能与一个战术状态产生关联。触发事件与过渡关系之间的关系也是如此。此外，过渡关系具有属性优先权（Priority），类型为整数（Integer），用以表征多个过渡关系的优先顺序。属性优先权用带数字的有色圆球表示，其中，红色 0 表示较高优先权，蓝色 1 表示较低优先权。

在 M1 层，我们建立了制导鱼雷的两种状态［线导模式（WireGuided）和自导模式（HomingGuided）］，以及两个状态之间的触发关系［线断（WireIsBroken）和到达预定区域（PreAreaArrived）］。通常情况下，线断具有较高的优先权，即在线导模式下，如果因敌方干扰导致电缆受损，信号中断，则无论是否到达预定区域，都需要开启自导模式。

MOF 中元建模的三种方法对比如表 2-1 所示。三种方法各有优劣，应根据特定的领域需求选择最合适的方法。在实践中，有一些经验可供选择，因为对一种全新的建模语言来说，开发相关的仿真建模资源需要耗费时间和精力，且仿真建模人员不易掌握新的建模语言。因此，在选择方法时需要认真比对，尽量选择对 UML 元模型影响较小的方法。一般来说，我们将 UML Profile 扩展和 UML 元模型扩展统称为轻量级元建模方法，而重新定制元模型称为重量级元建模方法。

表 2-1　MOF 中元建模的三种方法对比

方　　法	UML 元模型影响	领域定制能力	UML 资源利用	训练难易程度
UML Profile 扩展	小	弱	好	简单
UML 元模型扩展	适中	适中	适中	适中
重新定制元模型	—	强	不好	困难

2.1.3　本体元模型

本体元模型融合了本体和元模型的特征，是本体运用在仿真建模中的产物。在仿真建模中，本体是一种描述特定领域知识的模型。一方面，它建立在描述逻辑基础之上，具有一定的形式化特征，同时用领域中的概念和关系描述事实，具有近似于人类的思维习惯，易于理解；另一方面，它提高了事实描述的抽象层次，规范了多个事实的表达，是一种元理论。将本体与元模型融合在一起形成本体元建模的理论体系，将使元模型具有较强的建模与表达能力，促进仿真建模资源的语义可组合。创建本体元模型通常在元建模过程中提供适当的本体引入机制，从而将本体的语义加入元模型。创建本体元模型的机制通常有插入法和标识法[6]，如图 2-6 所示。

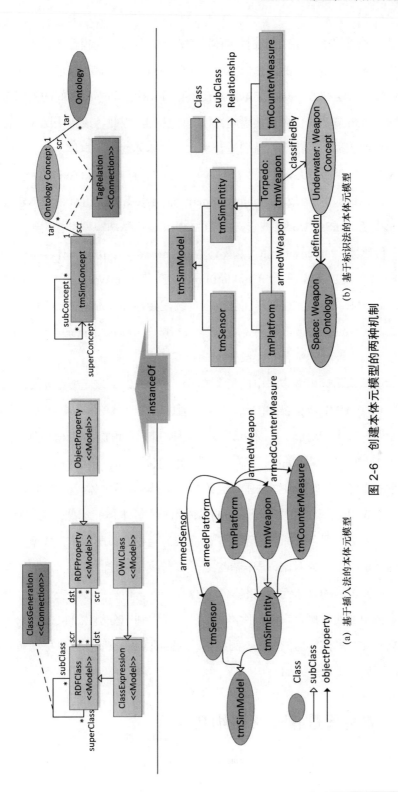

(a) 基于插入法的本体元模型

(b) 基于标识法的本体元模型

图 2-6　创建本体元模型的两种机制

插入法直接引入某个描述性本体的概念，将其作为元模型的元类，如直接使用 OWL 本体语言的概念来描述与元模型相关的概念和信息，从而建立本体元模型。这种方法得到的本体元模型具有元模型与本体之间的强耦合关系，即本体模型的演化会直接引起元模型的变化。因此，该方法比较适合本体元模型比较稳定的情形，特别适合引入顶层本体或参考本体。

图 2-6（a）所示为基于插入法的本体元模型，直接利用 OWL 的概念，如 Class、subClass、对象属性（objectProperty），在装备效能仿真领域创建顶层本体元模型。tmSimModel 被定义为 "Class"，表示基本模型类。它包含两个子类：传感器（tmSensor）和仿真实体（tmSimEntity）。仿真实体类进一步派生出三个子类：作战平台（tmPlatform）、武器（tmWeapon）、对抗措施（tmCounterMeasure）。对象属性包括平台装配传感器（armedSensor）、平台装配武器（armedWeapon）、平台装配对抗措施（armedCounterMeasure），以及平台可以装配其他平台（armedPlatform）。

标识法采用标识的方法引用某个描述性本体来定义该元模型元类的属性集，例如，在 UML 类图描述的元模型中，通过定义元类与本体中概念的关联，标识元类的属性，从而建立本体元模型。这种机制得到的本体元模型具有元模型与本体之间的弱耦合关系，即本体元模型的演化不会影响到元模型概念结构和关系的变化。因此，该方法适合定义本地本体、领域本体或任务本体。

图 2-6（b）所示为基于标识法的本体元模型。本体元模型采用 UML 类图表示。通常情况下，标识法不用于建立较为稳定的顶层本体元模型，但为了与图 2-6（a）形成对比，同样在装备效能仿真领域建立顶层本体元模型，两个本体元模型的基本元素及继承关系保持一致。但在图 2-6（b）中，通过武器本体中的武器概念来标识武器类型的属性，利用分类（classifiedBy）关系建立元类与本体概念的关联。例如，通过空间（Space）本体来标识鱼雷武器的水下属性（Underwater）。

2.2　本体元建模语义可组合

传统的仿真模型组合主要着眼于技术层面，以计算机或网络为核心，这导致仿真建模人员将重点放在了开发仿真软件、硬件环境及相关网络环境上，形成了一系列标准化的统一仿真建模规范和协议。然而，少数仿真建模人员关注到了对仿真模型信息内容的表达和理解，以及在不同场景下如何有效地组合仿真模型以实现特定仿真服务的问题。本体元建模注重以事实（领域知识）为基础，关注如何在元建模的基础上引入事实概念、结构和关系，以增强元模型和模型的语义表达能力。具体而言，基于本体元建模的仿真模型语义可组合技术的核心在于，在特定领域统一模型框架的基础上，引入本体作为影响仿真模型语义可组合与重用能力的关键元素，为其提供形式化、语义清晰的本体建模语言，建立具有强大语义表达能力的本体建模环境，最终实现仿真模型的组合式开发与重用。

2.2.1　语义可组合机制

根据创建本体元模型的两种机制，即插入法和标识法，不同类型的本体元模型参与仿真模型语义可组合的方式大致可分为两类[7]：一类是不同类型的本体元模型之间的组合信息均使用同一本体建模语言来描述，如 OWL，那么 OWL 元模型就是这些仿真模型所共同遵循的本体元模型；另一类是不同类型的仿真模型之间的组合信息采用同一建模语言，如 UML，虽然这些仿真模型具有共同的 UML 语法基础，但在特定领域并没有明确的语义和逻辑基础。

图 2-7 所示为基于本体元模型的仿真模型语义可组合的两种方式。在基于 OWL 的仿真模型语义可组合中，组合信息描述是完全相同的建模元素，并且基于描述逻辑的解释也完全相同，如 OWL 的传递性、可逆性和对称性；而基于公共本体的仿真模型语义可组合则可以利用建模语言提供的扩展机制（如 UML Profile）来引入本体以实现仿真模型的语义可组合。

本体元建模是复杂系统仿真，特别是军事应用系统仿真中研究仿真模型语义可组合和重用的基本理论与方法，是实现仿真模型快速组合式开发的基本手段。它在元模型的基础上引入本体的概念，并结合了现有的仿真建模理论与方法、模型驱动工程、领域特定建模、模型转换与验证、代码生成等技术。

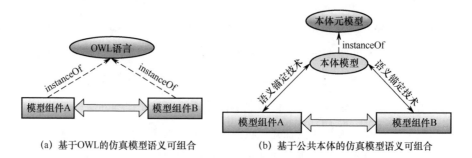

(a) 基于OWL的仿真模型语义可组合   (b) 基于公共本体的仿真模型语义可组合

图 2-7　基于本体元模型的仿真模型语义可组合的两种方式

2.2.2　OWL 及其 UML 扩展

OWL 是由 W3C 面向语义网络发布的本体建模语言，根据不同的表达能力，包括 OWL Lite、OWL DL、OWL Full 三个变体。其中，OWL Lite 主要支持分类层次和简单的约束机制，如仅支持 0 或 1 的集势约束；OWL DL 提供了强大的逻辑推理能力，推理具备完备性和可信性；OWL Full 提供了最强的表达能力，但其推理不具备完备性和可信性。每一个合法的 OWL Lite 本体也是一个合法的 OWL DL 本体，每一个合法的 OWL DL 本体也是一个合法的 OWL Full 本体；而每一个基于 OWL Lite 的论断也是一个基于 OWL DL 的论断，即可以在 OWL DL 的基础上推导得出，而每一个 OWL DL 论断也是一个 OWL Full 论断。W3C 在 2009 年 10 月推出 OWL 2，随后，相应的语义编辑器 Protégé 应运而生，并诞生了如 Pellet[8]、FaCT++[9]等相关的语义推理器。OWL 2 包括 OWL 2 EL、OWL 2 QL 和 OWL 2 RL 三个变体。其中，OWL 2 EL 拥有多项式事件复杂度推理能力；OWL 2 QL 提供对数据库更简单的访问和查询能力；OWL 2 RL 是 OWL 2 的一个规则子集。

图 2-8 所示为 OWL 元模型，它包含个体（Individual）、属性（Property）、类（Class）三个关键元素。

属性包括本体属性（OntologyProperty）、数据属性（DataProperty）、标记属性（AnnotationProperty）、对象属性（ObjectProperty）、反义属性（DeprecatedProperty）。标记属性的类型可以通过标签（label）、版本信息（versionInfo）、评论（comment）、同义（seeAlso）、定义（isDefinedBy）进行

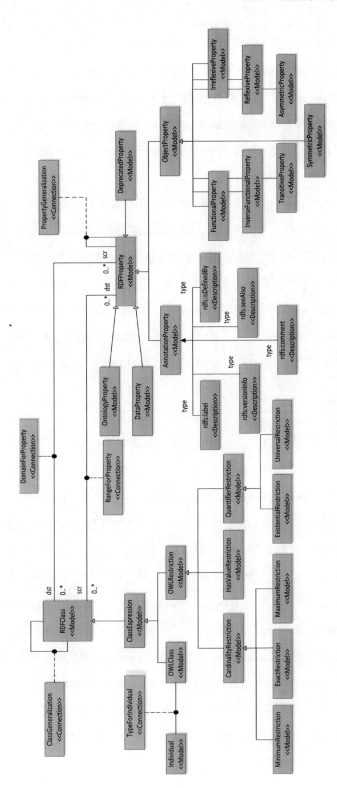

图 2-8　OWL 元模型

描述。对象属性包括功能性属性（FunctionalProperty）、反功能属性（InverseFunctionalProperty）、传递性属性（TransitiveProperty）、对称性属性（SymmetricProperty）、非对称性属性（AsymmetricProperty）、反身性属性（ReflexiveProperty）、非反身性属性（IrreflexiveProperty）。

对象属性可以指定 OWL 中的约束（Restriction），定义满足特定要求的类。约束包括势（Cardinality）、有值（HasValue）、数量（Quantifier）三类：CardinalityRestriction 描述了一个特定类型的个体和另一个特定类型的最少（MinimumRestriction）、最多（MaximumRestriction）或确切（ExactRestriction）的几个成员间存在的特定关系；HasValueRestriction 描述了某个类型的个体通过一个由对象属性描述的关系关联到另一个特定的个体；QuantifierRestriction 分为存在（Existential）和唯一（Universal）两类，前者描述了属于该类型的每个个体与其他类型的至少一个个体间存在由该对象属性描述的特定关系，后者描述了该类型的个体只与一个其他类型的个体产生由该对象属性描述的特定关系。

个体与类之间属于类型定义的关系（TypeForIndividual）。而类和属性之间存在着多对多的关系，由属性描述的特定关系关联的类称作该属性的域（Domain）和范围（Range）。类与类、属性与属性之间存在继承关系（ClassGeneralization 和 PropertyGeneralization）。

表 2-2 所示为 OWL Lite 元素与 UML 元类的对应关系，表中还包括相应的 UML Profile 扩展机制和各个 OWL Lite 元素的语义。可以看到，UML Profile 在原有 UML2 元模型（UML2 kernel）的基础上有三种扩展机制，分别是泛型（Stereotype）、泛型属性（Tagged values）、约束（Constraint），以及抽象泛型（Abstract stereotype）。UML 元类用到了关联（Association）、类（Class）、包（Package）、枚举（Enumeration）、枚举值（Literal）、多样性（Multiplicity）、继承关系（Inheritance relation）、实例说明（Instance Specification）等。通过 UML Profile 扩展机制，面向 OWL Lite 的基本建模元素大大增强了 UML 类图部分元素的语义表达能力。我们称该 profile 为 "OnUML"，对应的本体元建模工具为 "OnUMLTool"。

表 2-2　OWL Lite 元素与 UML 元类的对应关系

OWL Lite 元素	UML 元类	UML Profile 扩展机制	语　　义
IntersectionOf	Class	Stereotype	$C_1 \cap \cdots \cap C_n$
UnionOf	Class	Stereotype	$C_1 \cup \cdots \cup C_n$
ComplementOf	Association	Stereotype	$\neg C$
OneOf	Association	Stereotype	$\{ x_1, \cdots, x_n \}$
AllValuesFrom	Constraint	Constraint	$\forall P.C$
SomeValuesFrom	Constraint	Constraint	$\exists P.C$
SubClassOf	Inheritance relation	<UML2 kernel>	$C_1 \subseteq C_2$
EquivalentClass	Association	Stereotype	$C_1 \equiv C_2$
DisjointWith	Association	Stereotype	$C_1 \subseteq \neg C_2$
SameindividualAs	Association	Stereotype	$\{x_1\} \equiv \{x_2\}$
DifferentFrom	Association	Stereotype	$\{x_1\} \subseteq \neg \{x_2\}$
SubPropertyOf	Inheritance relation	<UML2 kernel>	$P_1 \subseteq P_2$
EquivalentProperty	Association	Stereotype	$P_1 \equiv P_2$
InverseOf	Association	Stereotype	$P_1 \equiv P_2^-$
TransitiveProperty	Association	Stereotype	$P^+ \subseteq P$
OWLClass	Class	Stereotype	个体的集合
Individual	Instance Specification	Stereotype	个体
Domain	Association	Stereotype	域
Range	Association	Stereotype	范围
Ontology Frame	Package	Stereotype	本体包
Relation Frame	Package	Stereotype	关系包
Individual Frame	Package	Stereotype	个体包
Property	Association	<Abstract stereotype>	个体之间二维关系
ObjectProperty	Association	Stereotype	对象属性
DataProperty	Association	Stereotype	数据属性
AnnotationProperty	Association	Stereotype	标记属性
Ontology	Class	Stereotype	本体
OntologyConcept	Class	Stereotype	本体概念
AnnotationType	Enumeration	Tag definition	标记类别
label	Literal	Tagged values	标签
comments	Literal	Tagged values	评论
versionInfo	Literal	Tagged values	版本信息
seeAlso	Literal	Tagged values	同义
isDefinedBy	Literal	Tagged values	定义
Characteristics	Enumeration	Tag definition	特征枚举
Functional	Literal	Tagged values	功能性

（续表）

OWL Lite 元素	UML 元类	UML Profile 扩展机制	语 义
Inverse Functional	Literal	Tagged values	非功能性
Transitive	Literal	Tagged values	传递性
Symmetric	Literal	Tagged values	对称性
Asymmetric	Literal	Tagged values	非对称性
Reflexive	Literal	Tagged values	反射式
Irreflexive	Literal	Tagged values	非反射式
CardinalityRestriction	Multiplicity	<UML2 kernel>	势
maxCardinality	Multiplicity	<UML2 kernel>	$\leqslant n.P$
minCardinality	Multiplicity	<UML2 kernel >	$\geqslant n.P$
exactCardinality	Multiplicity	<UML2 kernel >	$= n$
QuantifierRestriction	Enumeration	Tag definition	数量枚举
Existential	Literal	Tagged Values	$\exists n.P, n \geqslant 1$

2.3 本体建模环境

2.3.1 Protégé

在工具实现方面，插入法因为可以直接使用本体建模语言（如 OWL）来建立本体元模型，所以受许多开源的本体建模工具支持，如 Protégé[10]。Protégé 本体建模环境如图 2-9 所示。

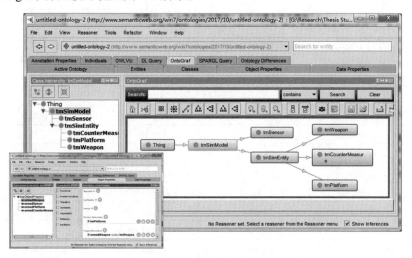

图 2-9 Protégé 本体建模环境

2.3.2　OnUMLTool

标识法因为不同人员对需要标识的信息需求不同、偏好不同等，所以没有统一的标准。图 2-10 所示为简化的 OnUMLTool 本体建模环境，它是在 MagicDraw 平台上采用标识法基于 UML Profile 建立的本体元模型编辑环境。

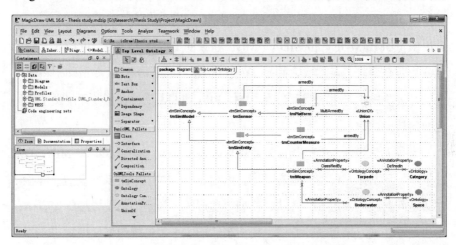

图 2-10　简化的 OnUMLTool 本体建模环境

首先，基于 UML 类图扩展，OnUMLTool 只需根据需求定制特定本体的工具条。图 2-10 中的<<tmSimConcept>>、<<AnnotationProperty>>、<<Ontology>>、<<OntologyConcept>>、<<UnionOf>>5 个定制按钮分别表示仿真概念、标记属性、本体、本体概念、并集概念，用来实现基于标识法的本体元建模环境。其中，<<tmSimConcept>>是最高级仿真概念，是特定领域中每个类都应用的泛型。例如，抽象类 tmSimModel、tmSensor、tmSimEntity、tmPlatform、tmCounterMeasure、tmWeapon 都应用了<<tmSimConcept>>。

其次，<<UnionOf>>作为多个抽象类的并集，可以清晰、准确地表达特定领域多个抽象类之间的并集关系。例如，tmPlatform 可以通过<<UnionOf>>关系同时装备 tmSensor、tmPlatform（此时作为子平台）、tmCounterMeasure、tmWeapon。

最后，<<AnnotationProperty>>、<<Ontology>>、<<OntologyConcept>>用于标识抽象类的本体属性。例如，抽象类 tmWeapon 按照本体 Category 划

分，其类型标记是本体概念鱼雷（Torpedo）；若按照本体 space 划分，则其空间属性可以标记为水下武器（Underwater）。

2.4 本体元建模在 MDE 中的应用

MDE 旨在提高系统开发效率，其中有两个重要的技术支撑：UML 元对象设施（UML/MOF）和 MDA。MOF 在纵向上提高事物抽象的层次，将抽象分为四个层次，各层次之间是实例化的规约关系。MDA 在横向上将整个系统开发阶段中产生的模型分为 CIM、PIM、PSM 三种类型，并定义了它们之间的转换过程。

本体元建模在 MDE 中的应用框架（见图 2-11）是在 MOF 和 MDA 的基础上增加了本体元模型的概念[11-12]。由图 2-11 可知，该框架分为两大部分：左边是问题域，采用分析方法，模型表达形式一般是描述型模型，如本体；右边是方法域，采用设计方法，模型表达形式一般是规约型模型。

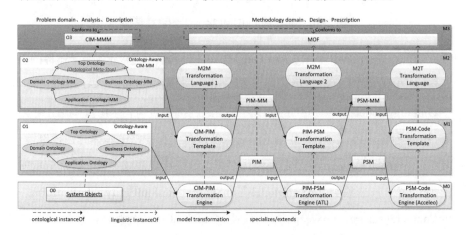

图 2-11 本体元建模在 MDE 中的应用框架

在问题域中，我们用带数字的字母"On"表示事实描述的层次。各层次之间的关系是本体实例化（ontological instanceOf），在相似关系中也叫本体规约关系。例如，O0 层是现实世界中的对象；O1 层的 CIM 是本体模型，包括顶层本体、领域本体、任务本体和应用本体；O2 层的 CIM-MM 表征 CIM

的元模型，相应的有领域本体-MM、任务本体-MM、应用本体-MM；O3 层是 CIM-MMM，描述最基本的本体概念和关系，如排序、分类等。

根据问题域的分析结果，在方法域中将得到的本体标识的计算无关模型（Ontology-Aware CIM）和本体标识的计算无关元模型（Ontology-Aware CIM-MM），分别作为 CIM-PIM 转换引擎和 CIM-PIM 转换模型的输入。转换后输出 PIM 和平台无关元模型（PIM-MM）。接着，PIM-MM 和 PIM 分别作为 PIM-PSM 转换模型和 PIM-PSM 转换引擎的输入，经转换后输出平台相关元模型（PSM-MM）和 PSM。最后，PSM-MM 和 PSM 分别作为 PSM-Code 转换模型和 PSM-Code 转换引擎的输入，输出实现代码。在纵向上，方法域属于语言定义的范畴，各层次间是语言实例化的关系。例如，CIM-PIM 转换模型是"M2M 转换语言 1"的实例、PIM-PSM 转换模型是"M2M 转换语言 2"的实例、PSM-Code 转换模型是"M2T 转换语言"的实例，而 CIM-PIM 转换引擎、PIM-PSM 转换引擎、PSM-Code 转换引擎分别是 CIM-PIM 转换模型、PIM-PSM 转换模型、PSM-Code 转换模型的实例。在模型方面，PIM-MM 定义了 PIM，而 PSM-MM 定义了 PSM。

以装备效能仿真领域为例，可以根据本体实例化规约关系和语言实例化规约关系[13]，采用 UML Profile 扩展的方式，介绍语言视角的元层次结构（见图 2-12）和本体视角的元层次结构（见图 2-13）。

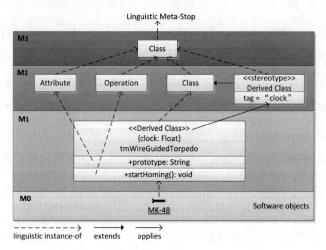

图 2-12　装备效能仿真领域语言视角的元层次结构

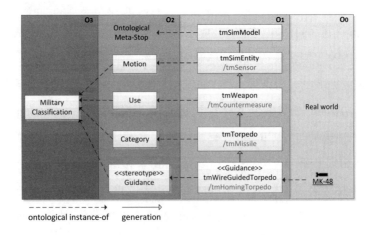

图 2-13　装备效能仿真领域本体视角的元层次结构

（1）语言视角的元层次结构与 MOF 一致，用带数字的"Mn"标识抽象的层次，各层次之间是语言实例化规约关系。该层次结构基于 UML Profile 扩展存在扩展和应用两种关系。

在图 2-12 中，M2 层建立了泛型（<<stereotype>>）Derived Class，该泛型扩展自 UML 元类"Class"，并且标签（tag）名为逻辑时钟"clock"，以表示 Class 在仿真建模中的逻辑时刻点。该元层次中还列举了属性（Attribute）和操作（Operation）。以上元素都是 M3 层 Class 的实例，根据"元停止准则（Linguistic Meta-Stop）"，由于该层是顶层，因此顶层的元素用它所描述的元素来表达。在 M1 层中，我们创建线导鱼雷（tmWireGuidedTorpedo），该类具有字符型（String）属性"型号（prototype）"和返回值为空的操作函数"开始自导模式（startHoming()）"，并且该类应用了上层定义的泛型 Derived Class，同时拥有了逻辑时刻点"clock"的属性。可以看到，M1 层的每个建模元素都能在 M2 层找到相应的元类。M0 层是软件对象层，我们通过上层定义的 tmWireGuidedTorpedo 创建了型号名为"MK-48"的线导鱼雷。

（2）本体视角的元层次结构用带数字的"On"标识本体所在的层次，各层次之间是本体实例化规约关系。该层次结构根据本体粒度的大小存在继承关系。

图 2-13 通过军事应用系统部分实体分类，展示了装备效能仿真领域的本体元建模概念。首先，O1 层列举了仿真领域线导鱼雷（tmWireGuidedTorpedo）

到顶层仿真模型（tmSimModel）的继承结构，中间依次存在鱼雷（tmTorpedo）、武器（tmWeapon）、仿真实体（tmSimEntity）。每继承一个层次，除了顶层 tmSimModel 无兄弟类，其余都列举了一个兄弟类，如 tmTorpedo 可派生出线导鱼雷（tmWireGuidedTorpedo）和自导鱼雷（tmHomingTorpedo）。其次，O2 层列举了移动（Motion）、用途（Use）、种类（Category）、制导（Guidance）四种元概念，依次对应 O1 层各本体，由于 tmSimModel 是顶层本体，因此其在 O2 层中无对应的元概念，我们称之为"本体元停止准则（Ontological Meta-Stop）"。最后，O3 层为军事分类（Military Classification），O0 层为型号名为"MK-48"的线导鱼雷实体。注意：O2 层中的元概念与 O1 层中的本体不能对调。例如，我们可以说"MK-48 是一种 tmWireGuidedTorpedo"，也可以说"MK-48 是一种 tmTorpedo 或 tmWeapon"，但假设我们将元概念 Guidance 放在 O1 层，则"MK-48 是一种 Guidance"这一说法是明显不对的。

2.5　小结

本体元模型是一种特殊的模型，它在更高的抽象层次上展示了领域概念的内涵，通过在仿真建模中引入本体来描述模型、元模型及组合信息的相关语义，从而构成了仿真模型语义可组合的基础。本章首先介绍了本体元建模的理论基础；其次基于本体元建模技术，介绍了仿真模型语义可组合的两种机制，以及它们所对应的建模语言和建模工具；最后提出了本体元建模在 MDE 中的应用框架，并从语言定义的角度举例区分了语言视角和本体视角的元层次结构。本体元建模从领域语义表达和建模语言语法规范两个维度出发，探索了装备体系仿真模型的新型工程化建模思路，有助于仿真建模人员在面对新的建模需求时，能够快速组合仿真模型，提高仿真建模过程的科学化、规范化和专业化水平。

参考文献

[1]　SEIDEWITZ E D. What models mean[J]. IEEE Software, 2003, 20(5): 26–32.

[2] 何克清, 何扬帆, 王翀, 等. 本体元建模理论与方法及其应用[M]. 北京: 科学出版社, 2008.

[3] ABMANN U, ZSCHALER S, WAGNER G. Ontologies, Meta-models, and the Model-Driven Paradigm[C]//In Proceeding of the Ontologies for Software Engineering and Software Technology. Berlin/Heidelberg, Germany: Springer Verlag, 2006: 249–273.

[4] 刘进. 元建模体系中基于规则的模型转换研究[D]. 武汉: 武汉大学, 2005.

[5] ABDULLAH M S. A UML Profile for Conceptual Modeling of Knowledge-Based Systems [D]. Heslington, York: The University of York, 2006.

[6] 何扬帆. 支持语义互操作的本体管理元模型研究[D]. 武汉: 武汉大学, 2007.

[7] HAPPEL H J, KORTHAUS A, SEEDORF S, et al. KOntoR: an ontology-enabled approach to software reuse[C]//In Proceedings of the 18th International Conference on Software Engineering & Knowledge Engineering. San Francisco, CA, 2006: 349–354.

[8] SIRIN E, PARSIA B, GRAU B C, et al. Pellet: A practical OWL-DL reansoner[J]. Web Semantics: Science, Services and Agents on the World Wide Web, 2007, 5(2): 51–53.

[9] TSARKOV D, HORROCKS I. FaCT++ Description Logic Reasoner: System Description[J]. International Joint Conference on Automated Reasoning, 2006: 292–297.

[10] Protégé. The Anatomy of a Plugin [EB/OL]. (2016-5-23)[2024-04-21]. http://protegewiki. stanford.edu/wiki/PluginAnatomy.

[11] DJURIC D, GASEVIC D, DEVEDZIC V. Ontology modeling and MDA[J]. Journal of Object Technology, 2005, 4(1): 109–128.

[12] BÉZIVIN J, DEVEDZIC V, DJURIC D, et al. An M3-Neutral infrastructure for bridging model engineering and ontology engineering[C]//In Proceddings of the 1th International Conference on Interoperability of Enterprise Software and Applications. Geneva. Switzerland, 2005: 159–171.

[13] ATKINSON C, KUHNE T. Model-Driven Development: A Metamodeling Foundation[J]. IEEE Software, 2003, 20(5): 36–41.

通用性元建模设施，如 UML/MOF 和 Ecore[1]，有两种相对应的 DSL 定义方法：基于 UML Profile 的轻度级扩展和基于 EMF 的元模型重定制。这两种方法定义的 DSL，既能够获得特定领域概念和关系表达能力，又能够享有预定义程序库、框架或工具的支持。相较而言，UML 的广泛性使 UML/MOF 相对于 Ecore 具有更为完备的建模资源，但由于必须符合 UML 的语法语义，因此在面对某些特定领域时，其语言表达能力可能不如 Ecore。为特定领域确定何种 DSL 定义方法并没有统一的章法可循，但可以通过大量的开发实践积累经验，避免出现错误，从而获得符合设计要求的 DSL[2]。

3.1　领域特定语言

DSL 是为特定问题域定制的语言，直接使用该领域内的概念和关系描述问题，可以使问题更易于使用和理解。用于仿真建模的 DSL 也称为领域特定建模语言（Domain-Specific Modeling Language，DSML）。DSL 与通用编程语言（General-purpose Programming Language，GPL）（如 C、C#、Java 等）不同。GPL 可以应用于广泛的问题域；DSL 只提供特定问题域的知识抽象，因此其表达能力相对有很大提高，同时学习门槛也降低了。相较于 GPL，DSL 不需要学习较多的语言规范就能达到相同的建模目的。领域专家甚至可以参与问题实现过程，从而促进领域专家与工程技术人员的交流，确保由 DSL 描述的仿真模型能够满足用户需求[3]。

3.1.1　DSL 组成结构

DSL 包括语法和语义两个方面：语法可以进一步分为抽象语法和具体语法；语义则可以分为静态语义和动态语义。DSL 组成结构如图 3-1 所示。

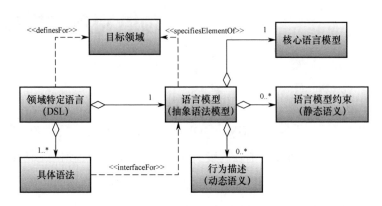

图 3-1　DSL 组成结构

DSL 是为特定目标领域定制的语言，由语言模型和具体语法组成。语言模型也称为抽象语法模型或抽象领域知识，由核心语言模型、语言模型约束和行为描述三部分组成[4]。

核心语言模型定义了与特定目标领域相关的概念及其之间的关系，通常使用适合的建模语言进行描述，如 UML 类图。

语言模型约束也称为静态语义，是 DSL 语言模型的必要组成部分。这些约束通过在核心语言模型中的概念或关系上创建不变量（invariants）、在操作上创建前置和后置条件等方式，定义了核心语言模型不能表达的语义。通常，这些约束用形式化的约束语言进行表达，例如，UML 类图定义的核心语言模型用 OCL 来表达约束。而对于不能用形式化语言表达的约束，也可以用自然语言来表达，只是这样的约束得不到相关工具的自动处理和排错。

行为描述也称为动态语义，其定义了语言元素的使用所引发的一系列效果，如语言元素之间的实时交互通常可用 UML 活动图、时序图等进行表达。

除了 DSL 抽象语法模型，在特定的系统环境中还需要具体语法来表征

DSL，通常有图形式和文本式两种表征形式。具体语法作为 DSL 的接口，其定义对 DSL 使用者来说是非常重要的。通常，一个良好的具体语法定义是简单而直接的，不仅用户使用起来方便，而且便于计算机处理。但若是专门针对技术人员定制的 DSL，为了满足其表达能力，比较复杂的具体语法也是可以接受的。

3.1.2　DSL 定义过程

DSL 定义过程包括创建 DSL 的相关活动及这些活动之间的依赖关系，具体包括以下四个关键活动[5-6]：定义 DSL 核心语言模型、定义 DSL 行为、定义 DSL 具体语法和 DSL 平台集成，如图 3-2 所示。

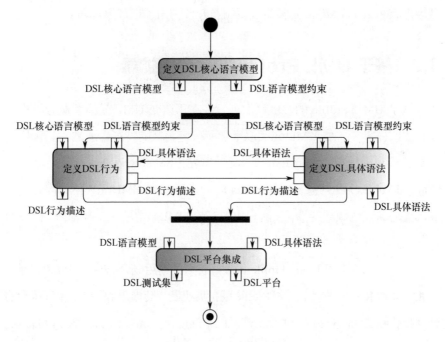

图 3-2　DSL 定义过程

在选定 DSL 的目标领域后，首要关键活动是定义 DSL 核心语言模型及相应的语言模型约束。接着，进入两个并行的关键活动，即定义 DSL 行为和 DSL 具体语法，这两者相互影响。最后，将 DSL 映射到目标平台，输出扩展后的目标平台及相应的测试集。DSL 定义过程实际上是一个递归过程，若在某一关键活动中的输出验证出错，则会回滚到上一个关键活动。图 3-2 中为了简化其过程并没有标明递归关系。

DSL 定义过程针对新的目标领域进行了重定制，故也称为语言模型驱动的 DSL 定义过程。然而，在实践中，DSL 定义过程可能根据不同的应用情况和定制方法会有不同的变体。例如，为了增加领域专家的参与，可能会先设计具体语法，然后在此基础上定义抽象语法模型，这称为基于原型的模式语言定义过程。另外，若已有现存系统的完整架构或模型框架，则可作为 DSL 定义的良好领域知识源，加速 DSL 定义过程。此外，不同的 DSL 定制方法和技术会导致 DSL 定义过程的细分不同，但主要关键活动之间的关系保持不变。下面介绍两种不同的 DSL 定制方法，分别是基于 UML Profile 的轻度级扩展和基于 EMF 的元模型重定制，并分别用案例加以说明。

3.2 基于 UML Profile 的轻度级扩展

基于 UML Profile 的轻度级扩展旨在在不改变 UML 元模型概念结构和关系的前提下，扩展 UML 元类以增加所研究领域的特征。通常，其包括三种扩展机制：泛型（Stereotype）、泛型属性（Stereotype Property）/标记值（Tagged Values）和约束（Constraints）。由于不改变 UML 元模型，因此该方法既能适当表达领域特性，又能利用现有的 UML 资源（包括与 UML 相关的设计工具和开发文档）。

本节首先提出了 UML Profile 轻度级扩展的通用概念框架，该框架实际上是在 UML/MOF 的基础上引入 Profile 的扩展机制。接着介绍了该框架中蕴含的轻度级扩展过程，并通过一个反潜战术的案例论证了该框架的合理性和可行性。

3.2.1 UML Profile 扩展框架

当前，基于 UML Profile 的 DSL 设计尚未形成统一规范的程序。虽然各类建模语言与日俱增，但是其设计并不完善，用户满意度不高。究其原因，这些建模语言要么与 UML 元模型不一致，要么虽能符合 UML 元模型规范却未能很好地表达领域特性。因此，汲取开发设计经验并形成通用的概念框架比较重要，这样的框架一方面需要符合 UML 元模型规范，另一方面要能灵活地表达领域知识。实际上，基于通用的概念框架开发 DSL 并不简单，需要建模人员对领域知识有很好的掌握并且对 UML 技术有较好的实践基础。

通用的 UML Profile 语言工程概念框架能较好地支持基于 UML Profile 快速且有效地开发 DSL，并且所生成的建模语言不仅在技术上符合 UML 元模型规范，而且具备良好的表达能力。

图 3-3 所示为 UML Profile 语言工程通用概念框架，该框架在纵向上基于 UML/MOF 四层元建模架构（每一层次的模型元素严格遵循上一层次模型规范）定义了一种新建模语言的基础架构，并广泛应用于语言工程领域。横向上，该框架主要分为概念描述和模型实现两大部分。在概念描述部分，该框架包括元建模（S1）、UML Profiling（S2）、Profile 验证（S3）、用户友好性建模（S4）和代码生成（S5）五个重要活动。其中，前三个活动属于 M2 元模型层，目的是建立 UML Profile；后两个活动属于 M1 模型层，其实质是运用所设计的 UML Profile 创建模型，并通过代码生成技术生成框架代码。在模型实现部分，该框架定义了 UML Profile 语言工程的基本实现形式，即泛型、泛型属性和约束三种扩展机制。

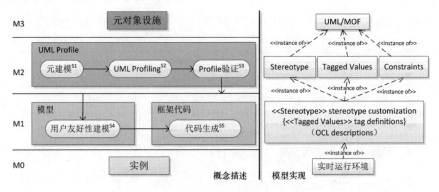

图 3-3　UML Profile 语言工程通用概念框架

3.2.2　UML Profile 轻度级扩展过程

基于 UML Profile 的轻度级扩展过程包括两个内容，共五个活动。首先，

M2 元模型层的 UML Profile 语言工程主要定义了三个区别明显但又紧密联系的活动。第一个活动是元建模，其任务是描述领域知识，形成由语言结构体、关系及约束等基础语言元素组成的抽象语法模型。第二个活动是 UML Profiling，其目标是完成领域概念及语义上与其相似的 UML 元类的映射，生成领域特定的 UML Profile。第三个活动是验证 UML Profile 的正确性。其次，UML Profile 的运用包括两个活动。第一个活动是用户友好性建模，其任务是应用得到的 Profile 来描述具体的实例，并在实践中获取用户反馈，以提升建模语言的表达能力。第二个活动是代码生成，根据 UML Profile 描述的模型自动化或半自动化生成所需的目标框架代码。

UML Profile 语言工程的目标是得到轻度级扩展的 DSL，主要任务包括定义 DSL 设计过程中的所有活动、活动之间的关系，以及执行这些活动的人员。UML Profile 语言工程涉及元建模、UML Profiling 和 UML Profile 验证三个重要活动，通常按顺序执行。执行这些活动的人员主要有领域专家和仿真建模人员。

1. UML Profile 元建模

UML Profile 语言工程的第一步便是元建模，其目的是定义领域元模型。元建模是一项描述一类模型（建模语言）的抽象语法活动。领域元模型描述了在实际系统中哪些实体和关系需要定义以及怎样定义。通常，领域元模型应包括以下五项内容[7-8]。

- 能描述特定领域概念的基础语言结构体。
- 这些领域概念中存在的关系。
- 限制语言结构体间如何关联的约束。
- 具体语法，包括文本或图形两种。
- 语言的语义。

上述五项内容并不是孤立存在的，它们在元建模过程中常常交融在一起，因此，定义一个良好的领域元模型具有一定的难度。此外，领域元模型作为下一步活动 UML Profiling 的输入，需要考虑其适应性的问题。因此，在实践中积累经验并进行总结以避免出现误区是很有必要的。

（1）在定义领域元模型时，先不考虑 UML 元模型的限制。

为了获得一个纯粹的领域元模型，该模型的建立应该聚焦于所描述系统的领域特性，而无需考虑实现技术和方法的限制。因此，需要将元建模与 UML Profiling 这两个阶段隔离开来，以便领域专家和建模人员能够充分发挥其专业技能，聚焦他们所擅长的领域。

然而，现实情况往往是相反的。很多基于 UML 的建模语言设计倾向于将元建模与 UML Profiling 这两项活动交替进行，而不加以区分，即在提炼一个领域概念时立即为其寻找一个合适的 UML 元类（也称为"实时映射"），以此交替进行直至 DSL 的设计完成。表面上看，这种做法似乎很合理，因为基于 UML Profile 的方法是轻度级的元建模方法，其基本原则是要符合 UML 元模型规范。然而，设计人员在"实时映射"的后期会发现，尽管所得到的领域元模型可以很好地符合 UML 元模型，但由于技术限制，却丢失了大量的领域特性，导致领域元模型质量不高，无法很好地体现 DSM 的特点。

例如，在描述火炮攻击行为时，需要对火炮进行火力调度及对开火等事件进行精确描述。UML 状态机虽然可以描述火炮从等待状态经过火力调度指令进入攻击状态，再通过开火事件的触发进入等待攻击结果反馈的状态，但不能精确描述事件内部需要处理的数据及需要调度的函数。因此，考虑使用基于 UML Profile 的方法将事件作为一个独立的建模元素独立开来，使 UML 状态机在事件描述上进行扩展，该事件应具有自己独立的图形元素、属性及函数等内容，而不是像 UML 状态机一样是一个伴随状态转移的标识。

"实时映射"得到的状态–事件领域元模型如图 3-4 所示。按照"实时映射"的思路，最初可能会选择 UML 中的 Event 元类作为事件的描述。这样得到的 UML Profile 似乎是理想的，因为在语义上 Event 是最贴切的，如图 3-4（a）所示。然而，其蕴含的领域元模型却不符合最初的实际需求，因为在 UML 状态图的元模型中，Event 与 Condition、Action 一起作为 Transition 的组成部分，描述伴随状态转移发生的条件、动作及触发的事件，如图 3-4（b）所示。

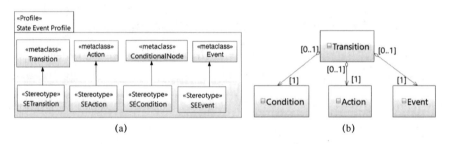

图 3-4 "实时映射"得到的状态-事件领域元模型

如果不考虑 UML 元模型的限制，只聚焦于所研究的领域或实际需求，那么其领域元模型如图 3-5 所示。在这个模型中，除了包括 UML 状态机中必要的元素如状态（State）、转移（Transition）、条件（Condition）、动作（Action）及伪状态（PseudoState）等，还增加了关于事件、内部事件及外部事件的描述，以及关于这些事件的属性描述，包括事件类型（eventType）、事件触发时间（eventTime）、事件触发参数（userData）。这个领域元模型是符合实际需求的，因为事件概念已经独立出来，形成了自己独有的基础建模元素体系。

与图 3-4（b）所描述的领域元模型不同，在图 3-5 中，事件作为独立的建模元素通过转移与状态或其他事件本身进行连接。这样一来，不仅状态与事件之间可以连接，而且事件与事件之间也可以连接，这符合实际应用中连续事件的触发要求。每个事件可以有 0 个或者多个转移通过箭头与之连接，同样，每个事件也可以有多个转移通过箭头与之连接，用[*]标识。但是，一个转移只能连接一个事件（不论是通过箭头还是通过箭尾），标识为[1]。此外，事件具有自己的属性，如事件类型、事件触发时间及事件触发参数等。可以看出，该领域元模型能够准确地表达问题域，满足实际需求。

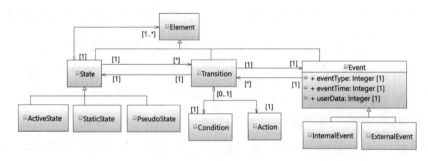

图 3-5 不考虑 UML 元模型限制的领域元模型

（2）调整领域元模型以符合 UML 元模型规范。

领域元模型设计完成后并不意味着它将永远不变，并可以立即进行下一步的工作。在实践中，我们可能会发现，领域元模型与 UML 元模型存在冲突，包括领域约束、属性及关系。在实践中，并不能总是找到与领域概念最合适的 UML 元类进行关联的语义。因此，我们需要合理调整领域元模型以符合 UML 元模型规范，尽管这可能会损失领域特定建模语言的表达能力。

图 3-5 所示的领域元模型是基于非实时映射得到的，因此基于该模型构建的 DSL 具有较强的领域特性表达能力。然而，在 UML 元模型中，转移与事件之间的连接关系是不存在的，这导致该领域元模型与 UML 元模型规范不一致。因此，为了符合 UML 元模型规范，开发人员可能需要删除领域元模型中转移与事件之间的关联，将事件作为伪状态的子类继承。虽然这样做可以解决元模型冲突，但得到的 DSL 可能无法完美地表达预先设想的事件特性。这种调整使得领域元模型为了满足 UML 元模型规范而牺牲了它的表达能力，在语义上存在较大差异。因为事件和状态是两个截然不同的概念，将事件作为伪状态的子类继承显然是不合理的，容易引起建模人员的抵触心理。

由此可见，UML Profile 的轻度级扩展似乎不适用于开发此类领域特定建模语言，只有非轻度级的元模型重定制方法才能胜任。然而，通过 UML Profile 轻度级扩展得到的领域元模型已成为固定的知识，至少建模语言设计人员已经对领域知识有了深刻的认识，可在非轻度级元模型定制方法中进行重用。

（3）检查领域元模型以减小约束的复杂性。

在某种意义上，复杂性常常源自紧密关联但顾此失彼的双方。就像前面所述的领域元模型可能与 UML 元模型冲突一样，在这两者之间的权衡往往难以取得满意的结果，这需要领域专家和建模人员协调一致。因此，DSL 开发人员需要检查领域元模型的结构，以减小领域约束的复杂性。很多时候我们会看到，用 OCL 表达的领域约束非常复杂，但如果领域元模型的结构设计良好，那么领域约束的复杂性会大大降低，同时可以节省大量计算资源。

相反，如果领域约束的可读性很差，甚至超出了 OCL 的表达能力，那么它们可能会变得难以理解和维护。

以图 3-5 所示的领域元模型为例进行说明，动态状态（ActiveState）和静态状态（StaticState）都继承自状态，它们通过转移进行关联。参考活动周期图（Activity Cycle Diagram, ACD）[9]的规则 1，动态状态与静态状态必须交替出现，也就是说，相同类型的状态不能连续关联。这种约束在 OCL 中的描述如下：

context Transition
inv: Alternation
self.stateSource->oclIsTypeOf(ActiveState)
implies self.transitionTarget->oclIsTypeOf(StaticState)

然而，通过检查领域元模型的结构，发现上述约束可以更加简化。通过改变领域元模型的结构以减少领域约束的复杂性如图 3-6 所示。在图 3-6 中，我们引入了一个枚举类型 stateStatus，其中包含 ACTIVE 和 STATIC 两个属性，用于表示状态的两种不同类型。同时，状态新增了一个属性 status。因此，图 3-5 所示的两个派生实体 ActiveState 和 StaticState 及它们之间的关系都被删除了。虽然领域元模型的结构发生了变化，但领域元模型在语义上的表达能力并不会丧失。这样一来，OCL 描述上述约束与之前的 OCL 语句共享相同的约束对象和名称，只是约束语法不同。可以看出，函数 oclIsTypeOf()被直接的属性赋值关系替代了，从而简化了约束的复杂性。

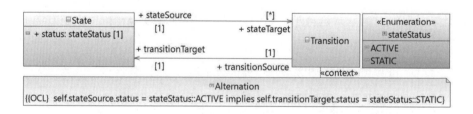

图 3-6   通过改变领域元模型的结构以减少领域约束的复杂性

2．UML Profiling

UML Profiling 是将领域概念及语义上与其相似的 UML 元类进行映射的过程。在实践中，我们积累了一些经验指导该阶段的完成，以便为领域元模型中的概念和关系找到最适合的 UML 元类。

（1）选择与领域概念语义上相似的 UML 元类。

选择语义上相似的 UML 元类可以使新的建模语言更多地重用 UML 元模型中已有的结构或关系特征，为重用现有的 UML 工具奠定基础。这样得到的建模语言语法结构将更加灵活自然，既符合 UML 元模型规范，又符合领域知识的表达。因此，在实际建模过程中，通常不需要太多领域特定约束，或者说这些约束并不复杂。

（2）并不是所有的泛型都需要映射为 UML 元类。

有时泛型可以通过继承的方式获得所需的功能。例如，泛型<<ActiveState>>和<<StaticState>>可以直接通过继承泛型<<State>>来建立，而不需要映射到 UML 元类 State。

（3）所选择的 UML 元类并不总是完美地符合领域概念、属性或关系。

在这种情况下，可以借助约束来消除领域知识和 UML 元模型之间的不一致。例如，如果需要消除或限制被某个 UML 元类扩展的实体上的关系，假设该 UML 元类与其他元素是一对多的关系，则可以通过 OCL 约束将其基数限制为 0 来实现。需要注意的是，如果约束过于复杂或难以描述，那么该元类可能并不适合现有的领域概念。

3．UML Profile 验证

在运用所设计的 UML Profile 之前，需要对其进行验证以确保正确性。UML Profile 的验证工具通常内嵌在 UML Profile 的设计环境中，如 MagicDraw、Papyrus 和 Astah，这也体现了轻度级扩展能够有效利用现存 UML 资源的优势。根据建模语言的语法和语义层面，UML Profile 验证一般包括三个方面。

（1）抽象语法验证。

通过在 UML 验证工具中创建对象图，验证 UML Profile 的实例、实例之间的关系，以及相关 OCL 约束，确保抽象语法模型的正确性；定义良好的 OCL 规则以消除不合法的建模元素或元素关系；创建与 UML Profile 相

关的操作或查询，操作用于为新的模型元素赋值，查询用于访问或验证模型属性。

（2）语义验证。

UML Profile 的语义描述了 Profile 中概念的含义，包括行为、静态属性，以及它与另一种语言之间的转换。UML Profile 验证通常涉及以下四个方面。

- 转换语义验证：通过将该 UML Profile 转换为语义更加精确的另一种语言（如 Java、C++、Python 等）来验证。
- 操作语义验证：通过定义模型解释器执行该 UML Profile 定义的模型来验证。
- 指称语义验证：通过映射 Profile 中的概念来验证。例如，一个动作的指称语义表示调用该动作所引起的所有状态变化的集合。
- 扩展语义验证：通过比较扩展的领域特征与 UML 元模型基础上的特征来验证。

（3）具体语法验证。

开发一个领域特定建模环境（DSME）以实现符合领域特定需求的文本式或图形式具体语法。

4. UML Profile 的应用

UML Profile 的应用包括两个主要活动，即用户友好性建模和代码生成。用户友好性建模利用领域专家熟悉的概念、属性和关系进行建模，甚至由领域专家直接建模，从而缩小两者之间的差距。然而，用户友好性建模不仅仅是简单地应用 UML Profile 进行建模，在建模过程中，领域专家需要检查建模语言是否能够直观地描述真实世界。实践表明，在建模过程中常常会遇到一些难以避免的问题。这是因为领域特定的规则通常是在领域特定语言的实际应用中才能发现的，而不是在概念分析阶段通过元建模就能完整描述的。即使具有多年领域经验的专业人员对所研究的领域有着深入的了解，仍然难以避免这种情况的发生。因此，用户友好性建模需要借助通用的概念框架，以便轻松解决在实践中发现的各种问题，并快速更新 DSL。

3.2.3　**反潜战术** UML Profile **设计**

我们通过反潜战术领域的案例来展示基于 UML Profile 的 DSL 开发过程，反潜战术的 UML Profile 称为 AST（Anti-Submarine Tactics）Profile。本节首先对反潜战术领域的概念进行分析，然后设计基于 UML Profile 的 DSL，最后通过武装护送的案例来说明其具体使用。

1．领域概念分析

认知域的决策行为依赖于多种因素，包括外部环境，威胁种类，指挥员的能力和文化背景等。在认知建模过程中，所有这些因素都应考虑在内，因为在实战中它们都至关重要。OODA（Observe、Orient、Decide、Act）回路[10]作为一种详细描述认知域行为的重要方法，非常适合用于描述人们在外部动态变化的环境中的认知域行为。通常，OODA 回路包括以下四个要素。

（1）观察（Observe）。

观察的目的是收集可利用的外部动态环境信息。对开放系统来说，与外界保持不断交流是保持系统生机的重要方法，因此，具有观察外部环境的态势感知能力对于一个系统是非常重要的。

（2）判断（Orient）。

面对不确定性，判断的目的在于分析信息并使用这些信息来更新当前的态势。在整个 OODA 过程中，判断是最重要的一步，因为它会影响其他三个要素（观察、决策和执行）的行为方式。

（3）决策（Decide）。

在判断阶段会生成众多方案，决策就是在众多方案中选择出最适合的方案。决策阶段的输出是一系列不确定性的战术过程。也就是说，最优方案的选择是基于决策人员的基本假设，要决定选择的方案能否生成预期的结果，还需要对下一个认知活动的执行结果进行分析说明。

（4）执行（Act）。

执行阶段输出执行结果，并根据执行结果判断整个 OODA 过程的成效，接下来回溯至最初的观察阶段。通过执行，可以知道决策是否正确。若正确则任务完成；反之，则需将执行结果作为新观察到的数据回溯至观察阶段，开始新一轮的 OODA 过程。

除了上述认知决策过程，我们还需要探讨反潜作战中的具体战术规则。传统的反潜作战一般包括搜索、攻击和逃逸三个阶段，每个阶段都会有相应的各种反潜战术。下面介绍逃逸阶段的两个典型反潜战术：躲避和机动。通常，最好的防御就是不让敌方发现自己，自己一旦被敌方发现，就应立即阻断敌方视线。通常有两种方式可避免被敌方发现：主动式机动和被动式防御，包括采取发射声诱饵或噪声干扰器等欺骗性措施。需要注意的是，一个成功的反潜逃逸战术是根据实时的战场态势，对上述两者的有机结合。

不被敌方发现的最有效战术就是，保持在敌潜艇盲区范围内，如图 3-7 所示。潜艇的盲区大约是在其尾部呈 15 度角的阴影区域。在这样的盲区内，是无法被敌潜艇的声呐探测到的，因此在这个区域保持航行并对敌潜艇进行跟踪，或者逃逸到该区域将能成功避开敌潜艇的视线。然而，一直保持在此区域也并不总是安全的，因为在一般情况下，敌潜艇在航行过程中很可能会定时进行 90 到 360 度的转弯以检查自己的盲区，如著名的 "Crazy Ivan" [11]。

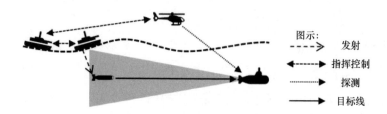

图示：
- - -> 发射
<-- - --> 指挥控制
·······> 探测
———> 目标线

图 3-7　保持在敌潜艇盲区的战术

若被敌潜艇发现，则逃逸过程需要采取多项措施。一般来说，会垂直于目标线发射声诱饵（见图 3-8），并以最大逃逸速度朝相反方向逃逸，以最大程度延长逃逸时间。考虑到最大转弯半径的限制，通常会尽量避免大转弯，这对发射声诱饵的方向提出了更具体的要求。由图 3-8 可见，若敌潜艇从己方第三象限进入，则应向第二象限垂直于目标线发射声诱饵，然后以最大逃逸速度朝第四象限全速机动。此外，在此过程中，可以间隔 14 秒向舰船两侧发射噪声干扰器，以干扰敌方的探测。更多计算细节可参考文献[12-13]。

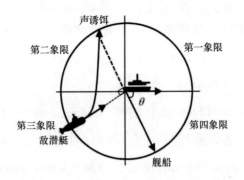

图 3-8　被敌潜艇发现后发射声诱饵的战术

2．反潜战术元模型

基于上述领域概念而建立的反潜战术元模型如图 3-9 所示。

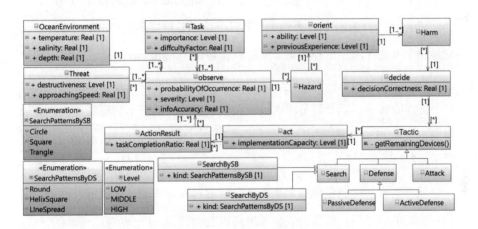

图 3-9　反潜战术元模型

（1）四个节点。

观察（Observe）、判断（Orient）、决策（Oecide）和执行（Act）。

（2）各节点的输入或输出。

各节点的输入或输出主要包括任务（Task）、水文环境（OceanEnvironment）、威胁（Threat）、潜在危险（Hazard）、损害（Harm）、抽象战术（Tactic）和执行结果（ActionResult）。

（3）三类枚举。

使用声呐浮标的搜索模式（Search Patterns using Sono Buoys，

SearchPatternsBySB）、使用吊放声呐的搜索模式（Search Patterns using Dipping Sonar，SearchPatternsByDS）和等级（Level）。

（4）抽象战术（Tactic）。

抽象战术将被搜索（Search）、防御（Defense）和攻击（Attack）所继承。根据不同的搜索设备，搜索又派生出 SearchByDS 和 SearchBySB；防御又派生出被动防御（PassiveDefense）和主动防御（ActiveDefense）。

整个反潜战术过程如下。

在最初阶段，指挥员会在来袭目标进入己方探测范围之前考虑可利用的信息，包括即将开展的任务、可能会遭遇的威胁及周围的水文环境。任务主要包括两个属性：第一个是任务重要程度（importance），有低（LOW）、中（MIDDLE）、高（HIGH）3 个级别；第二个是任务难度系数（diffcultyFactor），它是一个 0 到 1 之间的浮点数。威胁有破坏性（destructiveness）和接近速度（approachingSpeed）两个属性，前者与任务重要程度一样，通过 Level 进行 3 个级别的区分；后者则是浮点数，表示速度值。至于水文环境，它是比较复杂的，这里只考虑 3 个比较典型的属性，即温度（temperature）、盐度（salinity）和深度（depth）。

任务、水文环境和威胁又与潜在危险通过观察关联。这表示当收集到这些有价值的信息后，指挥员就会做出初步判断并得出潜在危险。观察这一认知活动有三个属性，包括威胁出现概率（probabilityOfOccurrence）、信息准确度（infoAccuracy）和潜在危险的严重等级（severity）。

下一个认知活动是关联潜在危险和损害的判断。前面已提到，判断是基于指挥员的文化背景、经验及分析能力等的综合，是 OODA 中最重要的一步，它直接影响到 OODA 中其他三个认知活动的行为方式。这里只考虑后两个因素，即过去的经验（previousExperience）和分析能力（ability）。这一步的目的是，通过判断，得出前一步的潜在危险会引起什么样的损害。

当得到可能的损害后，指挥员就会形成战术方案以减小损害或避免这些损害，但是并不知道方案的正确与否，故决策认知活动有一个属性是决策正确度（decisionCorrectness），它用来量化指挥员在进行方案优化时的正确程度。为了确定最好的战术方案，指挥员还需要在执行这些战术后依据战术执行结果而决定。

执行（Act）用执行能力（implementationCapacity）表征指挥员对决策出的方案的执行能力。战术作为执行的输入并输出战术执行结果，而执行能力的高低直接影响到任务完成程度（taskCompletionRatio）。任务完成程度是执行结果的属性，战术执行结果将会作为观察的输入，使整个认知活动形成一个闭环。

对于元模型的完备性，OCL 作为一类描述性语言能很好地定义模型约束。约束是一个面向对象模型或系统中的一个或多个元素的限制。一般地，语言由语法和语义两部分组成。语法有抽象语法和具体语法。抽象语法定义构成一种语言的基本要素，包括结构体、关系及规范这些结构体如何关联的约束。具体语法则定义了抽象语法的具体表示，包括图形式、文本式及图文混合式三种。文本式的具体语法使用结构化的文本展现模型；图形式的具体语法则通过图示展现建模语言，比较直观易用。语义定义了一种语言的含义，也有两种类型，即静态语义和动态语义。静态语义定义了在使用建模语言建立具体模型时必须遵守的不变条件；而动态语义则定义了动态运行时模型实例需要满足的限制条件。

根据建模语言的语法和语义构成，约束可分为两个方面。一方面，确保模型中属性、实体及结构的正确性。以观察的属性威胁出现的概率为例，假设存在两个领域特定的约束：观察的属性潜在危险的严重等级应与相应的威胁的出现概率相关；每个观察者最多只能分配 10 个任务。

以下是 OCL 对上述两个领域特定约束的表述。

context observe
Inv: AttributeCompatible
probabilityOfOccurrence >= 0.8 **implies** severity = Level::HIGH **and**
probabilityOfOccurrence >= 0.5 **and** probabilityOfOccurrence < 0.8 **implies** severity = Level::MIDDLE **and**
probabilityOfOccurrence >= 0.0 **and** probabilityOfOccurrence < 0.5 **implies** severity =

Level::LOW

context observe

Inv: TaskCapability

self.Task.allInstances()->size() <= 10

更多约束可参见表 3-1。

表 3-1　基于 OCL 的反潜战术 UML Profile 的领域特定约束

OCL 静态语义	自然语言描述
context Unit **Inv**: LeaderMustbeLocal isLeader = **true implies self**.oclIsTypeOf(LeaderUnit) **and** locality = Locality::LOCAL	一个群组中的旗舰节点必须是本地节点，不能是远程节点
context Group **Inv**: OneGroupOneLeader **self**.unit->select(s|s.oclIsTypeOf(LeaderUnit))->size() =1	在一个群组中只能有一个旗舰节点
context Collaboration **Inv**: SensorIntersection mode = CollaborationMode::RelayGuide **implies** distance < **self**.local.component->select(s|s.oclIsTypeOf(Sensor))->asSequence()->first().range + **self**.remote.component->select(s|s.oclIsTypeOf(Sensor))->asSequence()->first().range	如果两个或多个探测器需要对某一来袭目标进行稳定跟踪，则这些探测器之间的探测范围必须交叉，不能有空白
context ComEvent **Inv**: ComCompatible (kind = ComEventKind::openSensor **implies** **self**.source->oclIsTypeOf(FireControl) **and** **self**.target->oclIsTypeOf(Sensor)) **or** (kind = ComEventKind::launchWeapon **implies** **self**.source->oclIsTypeOf(FireControl) **and** **self**.target->oclIsTypeOf(Weapon)) **or** (kind = ComEventKind::dropCounterMeasure **implies** **self**.source->oclIsTypeOf(FireControl) **and** **self**.target->oclIsTypeOf(CounterMeasure)) **or** (kind = ComEventKind::weaponGuide **implies** **self**.source->oclIsTypeOf(Sensor) **and self**.target->oclIsTypeOf(Weapon))	与某一特定动作关联的实体必须与之兼容，即这个动作只能与相应的实体产生关联。不符合实际的描述有探测器不可能发射武器、对抗措施不可能打开探测器等
context Weapon **Inv**: WeaponMustBeGuided **not self**.base_Class.ownedAttribute.association.memberEnd.class.getAppliedStereotypes() -> select(s | s.name = 'Sensor') -> isEmpty()	<<Sensor>>泛型化的实体不能为 <<Weapon>>泛型化的实体提供制导

（续表）

OCL 静态语义	自然语言描述
context COP **Inv**: InfoShare **let** classes : **OrderedSet**(Class) = **self**.base_Association.memberEnd.class -> asOrderedSet() **in** 　((classes -> at(1)).getAppliedStereotypes() -> select(s | s.name = 'LeaderUnit') -> notEmpty() **and** (classes -> at(2)).getAppliedStereotypes() -> 　select(s | s.name = 'LeaderUnit') -> notEmpty())	与<<COP>>泛型化关系关联的实体必须被<<Lea-derUnit>>泛型化，即 COP 信息只能在旗舰节点之间共享，不能在成员节点之间、旗舰节点与成员节点之间进行传递
context ComEvent **Inv**: ComEvent **self**.base_Association.memberEnd.class -> forAll (c | c.getAppliedStereotypes() -> select(s | s.name = 'FireControl' **or** s.name = 'Sensor' **or** s.name = 'Weapon' **or** s.name = 'CounterMeasure') -> notEmpty())	与 <<ComEvent>> 泛型化关系关联的实体必须被以下四个泛型中的一个泛型化：<<FireControl>>、<<Sensor>>、<<Weapon>>、<<CounterMeasure>>
context Collaboration **Inv**: Compatible **self**.base_Association.getAppliedStereotypes() -> select(s | s.name = 'C2' **or** s.name = 'COP' **or** s.name = 'ComEvent' **or** s.name = 'Groups') -> isEmpty()	与<<Collaboration>>泛型化关系关联的实体必须被以下四个泛型中的一个泛型化：<<C2>>、<<COP>>、<<ComEvent>>、<<Groups>>
context C2 **Inv**: C2 **let** classes : **OrderedSet**(Class) = **self**.base_Association.memberEnd.class -> asOrderedSet() **in** (classes->at(1).getAppliedStereotypes()->select(s | s.name = 'LeaderUnit')->notEmpty() **or** classes->at(1).getAppliedStereotypes()->select(s | s.name = 'Unit')->notEmpty() **and** classes->at(2).getAppliedStereotypes()->select(s | s.name = 'LeaderUnit')->notEmpty() **or** classes->at(2).getAppliedStereotypes()->select(s | s.name = 'Unit')->notEmpty() **and** classes->at(1).getAppliedStereotypes()->select(s | s.name = 'Unit')->notEmpty() **implies** classes->at(2).getAppliedStereotypes()->select(s | s.name = 'LeaderUnit')->notEmpty() **and** classes->at(2).getAppliedStereotypes()->select(s | s.name = 'LeaderUnit')->notEmpty() **implies** classes->at(1).getAppliedStereotypes()->select(s | s.name = 'Unit')->notEmpty())	与<<C2>>泛型化关系关联的实体只能被<<LeaderUnit>>和<<Unit>>泛型化，即 C2 指令只能在旗舰节点与成员节点之间进行传递

另一方面，确保特定环境下的语义约束可被定义。例如，战术操作受限于可利用的装备数量。假设在对抗中，声呐浮标的数量不足以支持 SearchBySB，则 OCL 可以对此类约束描述如下。

context SearchBySB

Inv: RemainingDevicesCons

getRemainingDevices() < 1 **implies** kind <> SearchPatternsBySB::Circle

另外，正如前文所述，元模型上的约束可能涉及多个不同层次上的实体或概念，这可能使得约束的描述变得非常复杂。因此，我们需要优化模型结构，以降低约束的复杂性，同时增强其可读性和可理解性。

3. UML Profiling 及其应用

UML Profiling 实际上是将领域元模型元素映射到 UML 元类的过程，以确保它们之间的语义相似，并建立相应的映射关系。领域元模型元素与 UML 元类的语义越相似，新的 DSL 中就能够重用越多的 UML 特征，从而提高语义的质量。因此，这种映射并非一蹴而就，而是需要进一步观察，以确定最适合的 UML 元类。反潜战术认知领域特定 Profile 如图 3-10 所示。

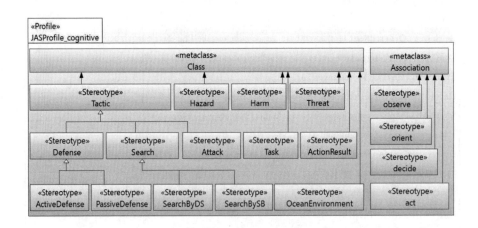

图 3-10　反潜战术认知领域特定 Profile

在反潜战术的 UML Profiling 过程中，主要有两类映射。第一类映射是将 OODA 认知活动的输入、输出映射到 UML 元类 Class。在 UML 中，类表示具有相同特征、约束和语义的一系列实体。以战术（Tactic）为例，战术定义了具有相同兵力部署、程序和技术安排的逻辑实体，与 UML 元类 Class 的语义相似，因此将其建模为泛型<<Tactic>>并映射到 UML 元类 Class。同样地，潜在危险、损害和任务等 OODA 的输入、输出也都映射到 Class。

然而，并非所有的泛型都需要直接映射到 UML 元类。第二类映射是通过泛型之间的继承关系间接创建泛型。基于反潜战术元模型，可以看到泛型将具有许多属性，以增强其表达能力。

为确保 UML Profile 的一致性，与元模型一样，要建立约束来限制所得到的 Profile。以下 OCL 描述的示例说明了如何在 UML Profile 的元素和关系上定义约束。假设任务必须被分配（TaskMustBeAssigned），即在出现任何潜在危险之前，平台必须执行任务；如果没有分配任务，则不存在危险。OCL 描述如下。

> **context** Hazard
> **inv**: TaskMustBeAssigned
> **not self**.base_Class.ownedAttribute.association.memberEnd.class.
> getAppliedStereotypes() -> select(s | s.name = 'Task') -> isEmpty()

图 3-11 所示为 AST Profile 的 DSME。运用 AST Profile 进行建模的武装护送案例的具体过程为，武装护送（ArmedEscort）任务下达后需要在海上航行（Cruising_in_open_waters），但可能会被敌潜艇发现（Detected_by_enemy_submarine）或被鱼雷攻击（Attacked_by_enemy_torpedo），随后生成一系列战术方案，如航行在敌潜艇的盲区（StayUndetected）、发射声诱饵（LaunchDecoys）和开启噪声干扰器（OpenJammers）等。分析执行结果（EscortResult）总结整个任务的完成效果，并确定是否进行下一轮 OODA 认知活动。

属性面板显示了护送任务（ArmedEscort）的属性，包括重要度（importance）和困难因子（difficultyFactor）。这两个属性分别设定为 MIDDLE 和 0.7，表示该任务是一个中等困难的任务。

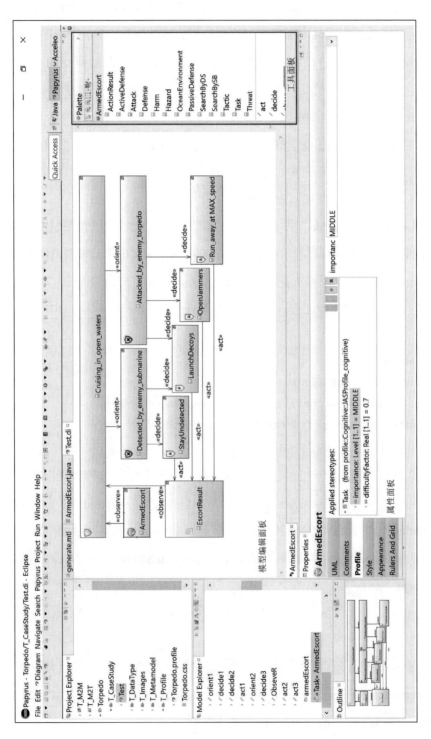

图 3-11　AST Profile 的 DSME

3.3　基于 EMF 的元模型重定制

基于 EMF 的元模型重定制方法仍然遵循 UML/MOF 四层元建模架构，但主要有两个方面与基于 UML Profile 的轻度级扩展不同。一是在 M3 层，基于 UML Profile 的轻度级扩展方法使用 UML 元模型作为 M3 层的表示，而基于 EMF 的元模型重定制方法则使用 Ecore。二是在 M2 层，基于 UML Profile 的轻度级扩展方法通过泛型、泛型属性和约束对 UML 元模型进行扩展，但不改变 UML 元模型的概念和结构关系；而基于 EMF 的元模型重定制方法则完全脱离 UML 元模型的限制，在 Ecore 框架下根据实际需要可能会引入新的建模元素和关系。

3.3.1　Ecore 内核

Ecore 内核如图 3-12 所示。Ecore 元模型本身就是 Ecore 模型，它定义了四种类。

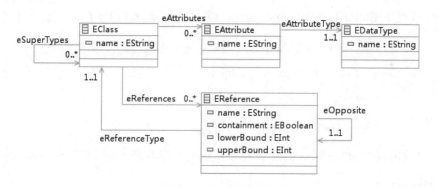

图 3-12　Ecore 内核

- EClass：用于建模类本身。每个类都有一个名称标识，并且可以拥有多个属性和引用。类可以将其他类作为自己的父类以支持继承。
- EAttribute：用于建立属性，具有名称标识和类型。
- EDataType：用作属性的类型。
- EReference：用于表示类之间的关联。它具有名称标识，并且有一个类型。在关联的另一端，该类型必须是一个 EClass。

3.3.2 防御体系火控通道控制系统

防御体系火控通道控制系统的设计在多对多的体系对抗中起着至关重要的作用。它实质上是对防御体系中的拦截节点、武器和来袭目标三者组成的动态拦截联盟[14]进行管理，以便在复杂战场环境下有序地组织防御资源，有效打击多个来袭目标。然而，防御体系领域知识丰富，其设计面临诸多挑战。一般性的建模语言如 UML，以及轻度级扩展如 UML Profile 都难以很好且直观地表达领域内各实体及实体之间的关系。因此，采用 EMF 重定制防御体系火控通道控制系统元模型，形成防御体系火控通道控制系统的 DSL 也称为 GFCCS（Group Fire Control Channel System）DSL；基于 GMF 设计的直观的具体语法与 DSME 也称为 GFCCS DSMTools。

1. EMF 元模型设计

基于 EMF 的 GFCCS DSL 设计如图 3-13 所示。GFCCS DSL 定义了 8 个类别，即 GroupFireControlSystem、Node（抽象类）、Connection、Group、GroupNode、Channel、Weapon、Target，分别表示火控系统、节点类型、连接类型、防御编组、防御节点、火控通道、武器、目标。各类别描述如下。

（1）GroupFireControlSystem。

GroupFireControlSystem 是整个系统的基础类型，可以有多个 Node 和 Connection。

（2）Node。

Node 具有名称标识，是抽象类型，被其他节点继承。它可以作为连接的起点和终点与多个 Connection 产生关系，即一个节点可以有多个连接，并与其他多个节点产生关系，同时多个连接也可以指向同一个节点。

（3）Connection。

Connection 表示连接类型，具有名称标识。连接不能独立存在，必须与节点相连，并且作为起点和终点只能与一个节点相连。

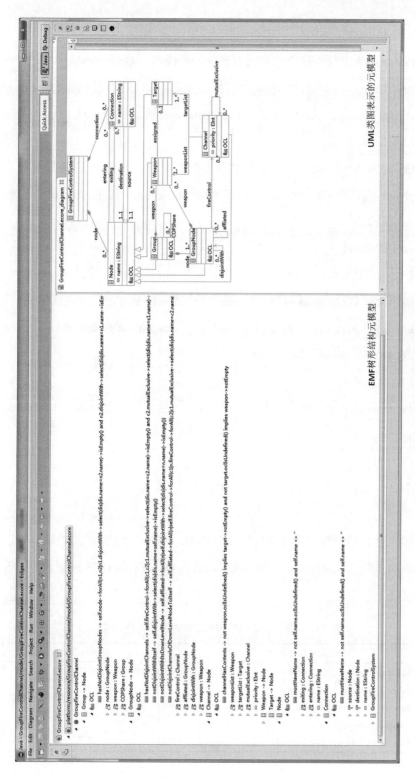

图 3-13　基于 EMF 的 GFCCS DSL 设计

（4）Group。

Group 表示防御编组类型，可以包含一个或多个 GroupNode，以及多个 Weapon。Group 可以与其他 Group 实现信息共享，即公共作战图像（Common Operational Picture，COP）共享，用 COPshare 表示。

（5）GroupNode。

GroupNode 表示防御编组中的单个节点类型，可以装备多个武器。GroupNode 与其他 GroupNode 存在互斥和附属关系，分别用 disjointWith 和 affliated 表示。

（6）Channel。

Channel 表示火控通道类，具有优先权（priority）的属性，priority 值的大小表示火控通道的处理顺序。Channel 与其他 Channel 之间存在互斥关系，用 mutualExclusive 表示。此外，Channel 通过 weaponList 和 targetList 分别与一个或多个 Weapon 和 Target 关联。

（7）Weapon。

Weapon 表示武器类，可以与一个 Target 产生目标分配关系，用 assigned 表示。

（8）Target。

Target 表示来袭的目标类。

除了上述展示的 DSL 语言元素（节点及节点之间的关系），还需要在这些元素上增加领域特定的约束，类似于 UML Profile 轻度级扩展的领域特定约束。这些约束通常用 OCL 进行表述。基于 OCL 的 GFCCS 的领域特定约束如表 3-2 所示。

表 3-2　基于 OCL 的 GFCCS 的领域特定约束

OCL 静态语义	自然语言描述
context Group **inv**: hasNotDisjointGroupNodes **self**.node->forAll(n1,n2|n1.disjointWith->select(dis|dis.name=n2.name)->isEmpty() and n2.disjointWith->select(dis|dis.name=n1.name->isEmpty())	在一个群组中，不能同时存在两个互斥的成员节点

（续表）

OCL 静态语义	自然语言描述
context GroupNode **inv**: hasNotDisjointChannels **self**.fireControl->forAll(c1,c2|c1.mutualExclusive->select(dis.name= c2.name)->isEmpty() and c2.mutualExclusive->select(dis|dis.name=c1.name)->isEmpty())	在一个成员节点中，不能同时存在两个互斥的火控通道
context GroupNode **inv**: notDisjointWithItself **self**.disjointWith->select(dis|dis.name=self.name)->isEmpty()	成员节点不能与其本身互斥
context GroupNode **inv**: notDisjointWithItsDownLevelNode **self**.affliated->forAll(n|self.disjointWith->select(dis|dis.name= n.name)->isEmpty())	成员节点不能与它的上级节点互斥
context GroupNode **inv**: notDisjointChannelsOfDownLevelNodeToItself **self**.affliated->forAll(n|self.fireControl->forAll(c1|n.fireControl-> forAll(c2|c1.mutualExclusive->select(dis|dis.name=c2.name)-> isEmpty()))))	不存在拥有一个火控通道，且其上级节点拥有另外一个火控通道，这两个火控通道正好互斥的成员节点
context Channel **inv**: channelHasContents **not** weapon.oclIsUndefined() implies target->notEmpty() and **not** target.oclIsUndefined() implies weapon->notEmpty	火控通道中的武器和目标必须成对存在，不能只有其中一个单独存在
context Node **inv**: mustHaveName **not** self.name.oclIsUndefined() and self.name <> ''	每一个节点必须有一个名字，且这个名字不能为空字符

2．GMF 图形化具体语法定义

作为模型–视图–控制器模式（Model-View-Controller，MVC）架构的实现，Edipse 图形编辑框架 GEF（Graphical Editing Framework）被广泛应用于构建图形编辑器，实现了模型、视图和控制器的松耦合，但也引入了大量的冗余代码与陡峭的学习曲线。为此，GMF（Graphical Modeling Framework）整合了 EMF 和 GEF，提供了图形编辑器的开发环境和运行时框架，易学易用。基于 GMF 的 GFCCS DSL 具体语法定义如图 3-14 所示。开发人员只需在 EMF 的基础上，定义工具模型（.gmftool）、图形模型（.gmfgraph）、映射模型（.gmfmap）和生成模型（.gmfgen），然后生成图形编辑器的代码，运行即可得到图形编辑环境。

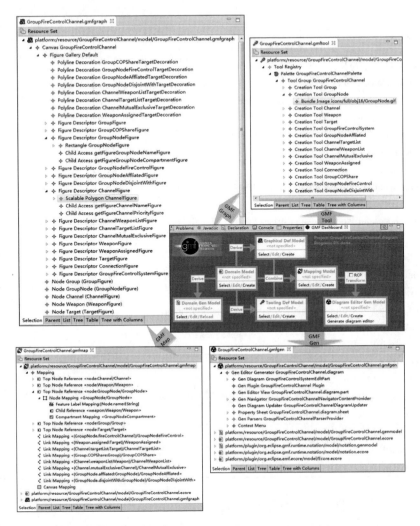

图 3-14　基于 GMF 的 GFCCS DSL 具体语法定义

（1）GMF 工具模型。

GMF 工具模型（.gmftool）定义图形编辑环境的工具面板。一般有创建工具（Creation Tool）、基本工具（Standard Tool）、一般工具（Generic Tool）、工具组（Tool Group）、面板分割线（Palette Separator）和图形（Small/Large Image）六种定义方法。在 GFCCS DSL 的设计中，除了抽象节点 Node，GMF 工具模型为 EMF 元模型中的每一个节点和连接都分别创建了工具，且都绑定了相应的图标。

（2）GMF 图形模型。

GMF 图形模型（.gmfgraph）定义图形编辑环境中的具体显示。一般基于 EMF 元模型自动生成相应的节点、关系的默认图形化显示，其主要工作是根据实际需要定义图形画廊（Figure Gallery）中的图形描述器（Figure Descriptor）和折线装饰器（Polyline Decoration）。在本例中，将 Group 和 GroupNode 两个节点设置为隔间（Compartment），以容纳相应的节点，如 Group 可以包含 GroupNode 和 Weapon，同时 GroupNode 也可以包含 Weapon。另外，将 Channel 设置为可收缩的多边形（Scalable Polygon），依次添加模板点（Template Point）: (0, 0), (40, 0), (40, 30), (30, 30), (30, 40), (40, 30), (30, 40), (0, 40)。注意到，GMF 图形模型和工具模型是相对独立的，在 EMF 元模型的基础上可以生成任何一个模型，没有顺序关系。

（3）GMF 映射模型。

GMF 映射模型（.gmfmap）定义了 EMF 元模型（.ecore）、GMF 工具模型（.gmftool）和 GMF 图形模型（.gmfgraph）三者之间的映射关系。其一般要为每个节点映射（Node Mapping）选择相应的工具（Tool）和图形节点（Diagram Node），以及为之前定义的隔间节点选择相应的隔间图形表示。例如，在 Channel 的属性面板中，图形节点值为"Node Channel (Channel Figure)"，工具值为"Creation Tool Channel"。

（4）GMF 生成模型。

GMF 生成模型（.gmfgen）是驱动代码生成的 GMF 生成器模型。如果 GMF 映射模型定义正确，那么一般都能生成正确的生成器模型，所以在该模型上通常不会有很大的改动。但有时也会有一些小的改动，例如，将图形的固定背景色（Fixed Background）设置为 false，以显示更加丰富的图形元素，如渐变色；又如，将隔间的列表式排版（List Layout）设置为 false。

3. Eclipse 平台实时建模环境

当 GMF 生成器模型定义完成并验证正确后，可以生成图形编辑器代码。运行时在环境中创建新项目后，可以添加图形编辑器插件，如本例中的"groupfirecontrolchannel_diagram"。基于之前的 GFCCS DSL，该图形编辑器也被称为 GFCCS DSMTools，它包括模型编辑器和工具面板两个窗口，如图 3-15 所示。在模型编辑器窗口中，创建了一个红蓝双方的多对多体系

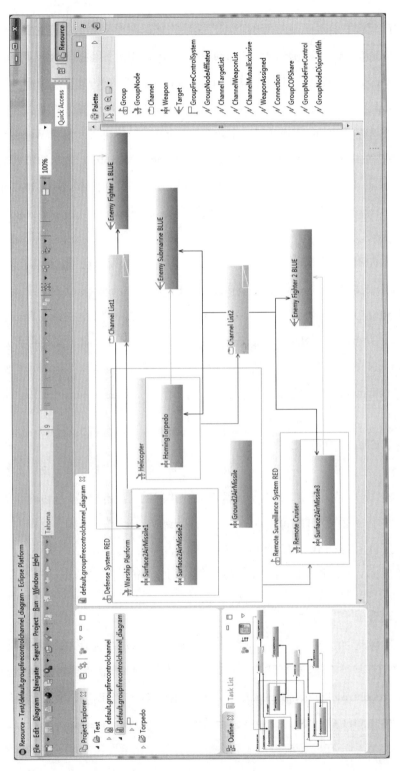

图 3-15　GFCCS DSMTools 界面

对抗实例。红方由两个防御编组组成，分别是 Defense System RED 和 Remote Surveillance System RED。前者表示本地的防御系统，如防空阵地、本地的战舰等，后者表示远程的警戒系统，如远程警戒雷达、远程巡洋舰等。

3.4　领域特定元建模技术

UML Profile 的轻度级扩展和 EMF 的元模型重定制有时不能完全满足特定领域概念的表达需求。即使能够勉强构建 DSME，其建模元素也可能与领域知识存在语义不匹配的问题。这种语义不匹配可能导致 DSME 在使用上产生困难，使建模人员感到不适应，进而引发后续模型的不一致性问题。因此，需要寻求更加灵活的 DSL 定制方法，摆脱 UML 元模型、元元模型或 Ecore 内核的限制，在比 DSL 更高一个抽象层次上重新定义新的领域特定元建模元素。

3.4.1　多层次领域特定元建模框架

在多层次领域特定元建模框架（见图 3-16）中，存在两种实例化关系，即本体实例化和语言实例化。建模元素通常具有两个方面的含义，即类型和实例。类型比实例高一个层次，这里将类和实例统称为 "Clabject"，也称为 "对象"。图 3-16 所示的框架包括三个层次，分别用 "L2" "L1" "L0" 表示，层次可以与模型、对象、属性或关系搭配使用，表示该元素所处的层次。如果某个元素没有标识其层次，那么这个元素的层次默认为其宿主的层次。因此，元素实例的层次等于该元素的层次减 1。当某个元素的层次为 0 时，该元素就不能再实例化为下一级的实例，此时的元素也称为 "纯实例"。

在两层次元建模框架中，一个类只能定义下一级实例的属性。然而，在多层次元建模框架中，可以利用 "@level" 与属性搭配，定义下几级实例的属性。例如，假设在 L2 层的对象 Event 中声明了一个属性 "name@1: String"，则表示在 L1 层中的所有事件实例都有一个名字且需赋值。对于 Event 的其他属性，如 "occur: SuperdenseTime"，其层次默认为 "@2"，表明在下两层（L0 层）的实例（Event 实例的实例）需要实例化该属性，即为其赋值 "occur=（11.0, 1）"。因为该属性的层次与其宿主对象 Event 的层次相等，故在图中省略不写。在对象实例化的过程中，其包含的属性也会随之实例化，层次低的属性值会自动覆盖层次高的属性值。此外，最低层（L0 层）的属性必须得到赋值。如果在 L0 层找不到该属性，则默认使用更高层次的属性值。

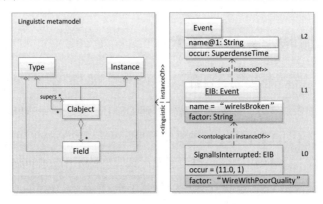

图 3-16　多层次领域特定元建模框架

此外，可以在特定层次引入新的概念或属性，即语言扩展（Linguistic Extension）。例如，在 L1 层中引入新属性"factor：String"，表示对象 EIB 在该层次的领域特性。有时也需要引入新的抽象对象，这些对象不能实例化，只能通过继承的方式用于简化某个层次的模型结构。

多层次领域特定元建模框架主要通过本体类型（Ontological Typing）和语言类型（Linguistic Typing）两种方式实现语言扩展。本体类型关注领域中的概念和属性。例如，图 3-16 中 SignalIsInterrupted 的本体类型是 EIB，而 EIB 的本体类型是 Event。语言类型则关注创建建模元素的元建模设施。例如，图 3-16 中的 Event、EIB 和 SignalIsInterrupted 的语言类型都是 Clabject，而 name、factor 和 occur 的语言类型是 Field。通常，最顶层的模型元素没有本体类型，非顶层的某些模型元素可以没有本体类型，某些属性也可以没有本体类型，但这些属性可以寄宿在有本体类型的对象中，而没有本体类型的对象不能含有具有本体类型的属性。然而，所有建模元素必须有语言类型。

实质上，语言扩展指引入某些没有本体类型但有语言类型的建模元素（对象、属性或关系）。下面给出上述概念的形式化定义。

【定义 0.1】模型：

模型 $M = \langle CL, fields, FI \rangle$。其中，$CL$ 是对象的集合；FI 是属性的集合；

全函数 $fields: CL \to 2^{FI}$ 表示为：每一个对象 $c \in CL$ 赋属于这个对象 c 的一组属性，记为 $fields(c)$，满足 $\forall f \in FI$，$\exists_1 c \in CL$，使得 $f \in fields(c)$，即对于每一个属性，都必须至少属于一个对象。

注意，2^{FI} 指属性集合 FI 的所有子集，通常我们用 $U = \{M_i = \langle CL_i, fields_i, FI_i \rangle\}_{i \in I}$ 表示由对象集合 CL 和属性集合 FI 通过函数 $fields$ 组成的所有模型，即模型全集。

给定集合 X、Y，对于映射 $f: X \to Y$，全函数表示对于集合 X 中的每一个元素 $x \in X$，在集合 Y 中都能找到一个元素 $y \in Y$ 与之对应；与全函数对应的是偏函数，对于映射 $f: X' \to Y$（$X' \subset X$，表示集合 X 中的每一个元素），并不一定在集合 Y 中都能找到一个元素与之对应。

【定义 0.2】本体层次：

给定全集 U，层次 $olev_U = \langle olev, \{olev^i\}_{i \in I} \rangle$。其中，全函数 $olev: U \to \mathbf{N}_0$ 表示为每一个模型 M_i 赋一个自然数；全函数集 $\{olev^i: CL_i \bigcup FI_i \to \mathbf{N}_0\}_{i \in I}$ 表示对于每一个模型 $M_i \in U$，为其中的每一个对象和属性都赋一个自然数，满足 $\forall c \in CL_i$，有 $olev^i(c) \leqslant olev(M_i)$；$\forall f \in fields_i(c)$，有 $olev^i(f) \leqslant olev^i(c)$。

同理，可以定义全集 U 的语言层次 $llev_U$。

【定义 3.3】语言类型：

假定语言元模型 $L_{MM} = \{MODEL, CLABJECT, FIELD\}$，对于给定的 U，语言类型 $ltype_U = \langle ltype, \{ltype^i\}_{i \in I} \rangle$。其中，全函数 $U \to L_{MM}$，满足 $\forall M_i \in U$，$ltype(M_i) = MODEL$；全函数集 $\{ltype^i: CL_i \bigcup FI_i \to L_{MM}\}_{i \in I}$，对于每一个模型 $M_i \in U$，满足 $\forall c \in CL_i$，$ltype^i(c) = CLABJECT$；$\forall f \in FI_i$，$ltype^i(f) = FIELD$。

【定义 3.4】本体类型：

给定全集 $U = \{M_i = \langle CL_i, fields_i, FI_i \rangle\}_{i \in I}$，有 $CL = \biguplus_{i \in I} CL_i$，$FI = \biguplus_{i \in I} FI_i$，本体类型 $otype_U = \langle otype, \{otype^i\}_{i \in I} \rangle$。其中，偏函数 $U \to U$，对于每一个模型 M_i，其本体类型是 $otype(M_i)$；偏函数集为 $\{otype^i: CL \bigcup FI \to CL \bigcup FI\}_{i \in I}$。

注意：$\uplus$ 表示不相交并集。对于给定集合 A、B，用 (a, A)，$a \in A$ 和 (b, B)，$b \in B$ 分别表示 A 和 B 中的元素，则不相交并集 $A \uplus B = \{(a, A) \mid a \in A\} \bigcup \{(b, B) \mid b \in B\}$。

不相交并集的本质是给定两个集合合并的另一种方式，这种方式记录并集中元素的来源，即集合 A 和 B 有相同的元素，这个相同的元素在不相交并集中会形成不相交的元素，因为这个元素被标记了其来源。例如，集合 $A = \{1, 2, 3\}$，集合 $B = \{1, 2\}$，那么 $A \uplus B = \{(1, A), (2, A), (3, A), (1, B), (2, B)\}$，这里的标记也可以用数字代替，如 $A \uplus B = \{(1, 0), (2, 0), (3, 0), (1, 1), (2, 1)\}$。

对于本体类型 $otype_U$，$\forall M_i \in U$，有以下 8 条定理。

定理 1：$otype(M_i) = M' \Rightarrow olev(M_i) + 1 = olev(M')$，即模型的层次加 1 就是其本体类型的层次。

定理 2：$\forall c \in CL_i$，$otype^i(c) = c' \Rightarrow c' \in CL$，即对象的本体类型还是对象。

定理 3：$\forall f \in FI_i$，$otype^i(f) = f' \Rightarrow f' \in FI$，即属性的本体类型还是属性。

定理 4：$\forall c \in CL_i$，$otype^i(c) = [c' \Rightarrow c' \in cl(otype^i(M_i))$，$olev(c) + 1 = olev(c')$，$\forall f' \in fields(c')$，满足 $olev(f') > 0$，$\exists_1 f \in fields(c)$，满足 $[otype^i(f) = f'$，$olev(f) + 1 = olev(f')]]$，即如果对象 c 的本体类型是 c'，那么其层次也相对低一级；层次的陪域是 $\mathbf{N}_0$，层次为 0 的元素不能实例化，并且，层次大于 0 的对象 c' 的每一个属性都要在 c 中实例化。

定理 5：$\forall f \in FI_i$，$otype^i(f) = f' \Rightarrow [\exists c, c'$，满足 $otype(c) = c'$，$f \in fields(c)$，$f' \in fields(c')$，$olev(f) + 1 = olev(f')]$，即如果属性 f 的本体类型是 f'，那么其对象的本体类型是 f' 的对象。

定理 6：$olev(M_i) = 0 \Rightarrow \exists M' \in U$，满足 $otype(M_i) = M'$，即层次等于 0 的模型存在本体类型。

定理 7：$\forall c \in CL_i$，$[olev'(c) = 0 \Rightarrow \exists c' \in cl(otype(M_i))$，满足 $otype(c) = c']$，即层次为 0 的对象存在本体类型。

定理 8：$\forall f \in FI_i$，$[lev^i(f) = 0 \Rightarrow \exists f' \in fields(otype(M_i))$，满足 $otype(f) = f']$，即层次为 0 的属性存在本体类型。

若层次 $olev = \{0, 1\} \in \mathbf{N}_0$，则以上本体类型的概念将简化为两层的"类型-实例"关系。在这个关系中，层次为 1 的模型就是层次为 0 的模型的元模型。然而，对于本体类型的模型，如在 UML/MOF 中的 M3 层定义的模型，其本体类型是它自身，这种情况不符合上述定义，因为根据上述定义，类型的实例层次必须减 1。另外，上述定义中的顶层模型没有本体类型，只有一个语言类型。

同理可以定义语言类型 $ltype_U$ 的相关定理。

【定义 3.5】语言扩展：

给定全集 $U = \{M_i = \langle CL_i, fields_i, FI_i \rangle\}_{i \in I}$，本体类型 $otype_U = \langle otype, \{otype^i\}_{i \in I} \rangle$，$M_j \in U$ 的语言扩展 LE_j 表示为元组，即 $LE_j = \langle CL_j' \subseteq CL_j, fields_j \mid CL_j', FI_j' \subseteq FI_j \rangle$。其中，$CL_j'$ 表示对象扩展的集合，有 $CL_j' \subseteq CL_j$；FI_j' 表示属性扩展的集合，有 $FI_j' \subseteq FI_j$；全函数 $fields_j \mid CL_j' : CL_j' \to 2^{FI_j'}$ 表示为每一个对象扩展 cl_j' 属于这个对象的一组属性，记为 $fields_j(cl_j')$。

满足：

- $\forall c' \in CL_j'$，$otype(c')$ 未定义，即对象扩展 c' 无本体类型。
- $\forall c \in CL_j \setminus CL_j'$，$otype(c)$ 有定义，即在对象集 CL_j 中，除对象扩展集 CL_j' 外的对象 c 有本体类型。
- $\forall f' \in FI_j'$，$otype(f')$ 未定义，即属性扩展 f' 无本体类型。
- $\forall f \in FI_j \setminus FI_j'$，$otype(f)$ 有定义，即在属性集 FI_j 中，除属性扩展集 FI_j' 外的属性 f 有本体类型。

注意，根据【定义 3.1】，语言扩展 LE_j 可能不能构成模型，因为一些没有本体类型的属性扩展 f'（$f' \in FI_j'$）可能与一个具有本体类型的对象 c（$c \notin CL_j'$）存在映射关系。但是，模型全集 U 中的每一个模型 M_i 都是正确的模型。

根据定理 5 可得出：如果一个对象没有对象类型，那么这个对象的所有属性都没有对象类型；反之，对于一些没有对象类型的属性，这些属性可以被没有对象类型的对象所拥有。

【定义 3.6】本体元停止准则：

给定全集 $U = \{M_i = \langle CL_i, fields_i, FI_i \rangle\}_{i \in I}$，本体类型 $otype_U = \langle otype, \{otype^i\}_{i \in I} \rangle$，层次 $lev_U = \langle lev, \{lev^i\}_{i \in I} \rangle$，$otype_U = \varnothing \Rightarrow lev_U = \text{MAX}$，即若 U 无本体类型，那么它所处的本体层次为最大值，我们称之为本体元停止准则。同理可以定义语言元停止准则。

3.4.2　领域特定的 SEvent 元建模

SEvent 中的状态和事件类似于 Petri 网中的库所和变迁，基于 Petri 网中库所和变迁相互交替的原则，SEvent 具有更加丰富的建模能力，支持连续事件的触发和连续状态的转移。下面给出 SEvent 的形式化定义。

【定义 3.7】SEvent：

五元组 $S\_Event = (S, T, F, F_s, F_t)$。其中，$S$ 是状态集，T 是事件集，F 是一个状态元素 $s(s \in S)$ 和一个事件元素 $t(t \in T)$ 组成的有序偶 $\langle s, t \rangle$ 的集合，F_s 是两个状态元素 $s(s \in S)$ 组成的有序偶 $\langle s, s \rangle$ 的集合，F_t 是两个事件元素 $t(t \in T)$ 组成的有序偶 $\langle t, t \rangle$ 的集合。

满足：

- $S \cup T \neq \varnothing \wedge S \cap T = \varnothing$，即 S 和 T 由两类不同的元素组成。

- $F \subset S \times T \cup T \times S$，即 F 是由一个 S 元素和一个 T 元素组成的有序偶的集合。

- $F_s \subset S \times S$，且 $\langle s_i, s_j \rangle_{i \neq j,\ i,j \subset Ns}$，其中 Ns 为状态集的大小，即 F_s 是由两个 S 元素组成的有序偶的集合，而且这两个 S 元素不是同一元素（描述状态的自我转移无现实意义）。

- $F_t \subset T \times T$，且 $\langle t_i, t_j \rangle_{i \neq j,\ i,j \subset Nt}$，其中 Nt 为事件集的大小，即 F_t 是由两个 T 元素组成的有序偶的集合，而且这两个 T 元素不是同一元素（描述事件的自我触发无现实意义）。

- $dom(F) \cup cod(F) = S \cup T \wedge dom(F_s) \cup cod(F_s) = S \wedge dom(F_t) \cup cod(F_t) = T$，其中 $dom(F)$ 是 F 所含有的有序偶的左投影（第一个元素）的集合，$cod(F)$ 则是其右投影（第二个元素）的集合。

可以将 Petri 网看作 SEvent 的特例，即对于 $S\_Event = (S, T, F, F_s, F_t)$，如果 $F_s = \varnothing \wedge F_t = \varnothing$，那么 S_Event 就等同于 Petri 网。

描述特定应用领域中状态和事件之间的转化关系（如鱼雷物理域行为描述、飞机认知域行为描述等），需要定义相应的元建模语言。该语言的建模元素需要涵盖与这些应用领域相关的状态和事件。图 3-17 所示为基于 DSMM

的 SEvent 多层次领域特定元建模，该模型共有 3 层，分别表示为 L2、L1 和 L0。其中，L2 层代表特定领域的 DSMM 语言定义，L1 层使用 DSMM 语言提供的模型元素定义 DSML，L0 层使用该 DSML。

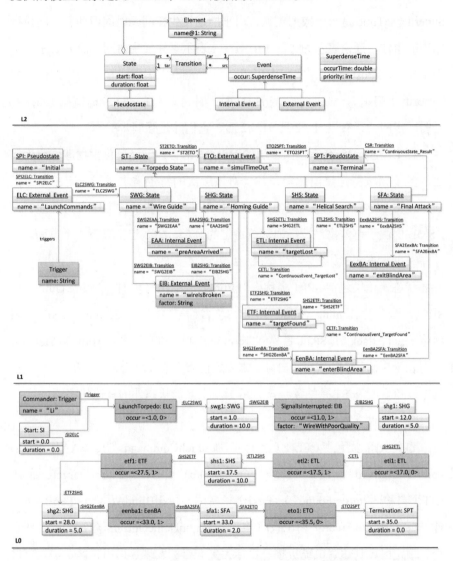

图 3-17　基于 DSMM 的 SEvent 多层次领域特定元建模

在 L2 层，DSMM 语言定义了 State（状态）、Transition（转移）和 Event（事件）3 个核心类，它们都继承自抽象类 Element。Element 具有名字标识，该属性将在 L1 层赋值，即 "name@1: String"。此外，State 具有 "start: float"

和"duration: float"两个属性，分别表示状态的开始时间和持续时间，State还派生出 Pseudostate，以表示状态的开始、选择和终止等伪状态。Event 具有一个"occur: SuperdenseTime"属性，用以表示事件的触发时间。SuperdenseTime 是一个数据类型，用于描述发生在同一时间但拥有不同执行顺序的事件，通常表示为（t, n），其中 t 表示事件发生时间，而 n 表示一个微步长（microstep），在实际中可用索引（index）表示，在示例中用优先权（priority）表示。一般而言，当 $t1=t2$ 时，时间戳（$t1$, $n1$）和时间戳（$t2$, $n2$）是弱同步的；只有当 $t1=t2$ 且 $n1=n2$ 时，它们才是强同步的 [0]。

在 L1 层，DSML 利用 L2 层的 DSMM 语言，定义了鱼雷物理域行为描述的多个领域特定建模元素，并针对该层次的特定需求做了一定的语言扩展。鱼雷专业人员可以直接使用该 DSML 描述鱼雷的物理域行为过程，该DSML 提供了鱼雷物理域行为领域特定的概念，主要包括以下 4 个方面。

（1）状态元素集。

状态元素集包括 SPI（名称="Initial"）、SWG（名称="Wire Guide"）、SHG（名称="Homing Guide"）、SHS（名称="Helical Search"）、SFA（名称="Final Attack"）、SPT（名称="Terminal"）和 ST（名称="Torpedo State"），分别表示初始状态、线导、自导、螺旋式搜索、末段攻击、终止和鱼雷状态。其中，鱼雷状态 ST 是抽象状态，用于派生除伪状态外的其他状态。

（2）事件元素集。

事件元素集包括 ELC（名称="LaunchCommands"）、EAA（名称="preAreaArrived"）、EIB（名称="wireIsBroken"）、ETL（名称="targetLost"）、ETF（名称="targetFound"）、EexBA（名称="exitBlindArea"）、EenBA（名称="enterBlindArea"）和 ETO（名称="simulTimeOut"），分别表示发射指令、预定区域到达、电缆折损、目标丢失、目标发现、退出盲区、进入盲区和超过仿真时长的事件。

（3）转移元素集。

转移元素集包括 SPI2ELC、ELC2SWG、SWG2EAA、EAA2SHG、SHG2ETL、ETL2SHS、SFA2EexBA、EexBA2SHS、CSR（名 称 =

"ContinuousState_Result"）、ETO2SPT、ST2ETO、SWG2EIB、EIB2SHG、CETL（名称="ContinuousEvent_ TargetLost"）、ETF2SHG、SHS2ETF、CETF（名称="ContinuousEvent_ TargetFound"）、SHG2EenBA 和 EenBA2SFA。其中，没有标明名字标识的转移，其名字就是该转移本身。另外，CSR 表示状态与状态的连续转移，CETL 和 CETF 表示事件与事件之间的连续触发。

（4）语言扩展元素集。

语言扩展元素集包括"Trigger（名称：字符串）""triggers"和"factor：字符串"，分别表示事件的触发者、触发关系和触发因素。这三个概念是 L1 层鱼雷物理域行为描述所特有的元素，在 L2 层找不到相对应的类型。即使没有对象类型，也可以看到没有对象类型的属性"factor：字符串"寄宿在具有对象类型的事件"EIB：External Event"中。

在使用 DSMM 语言针对不同的领域定义 DSML 时，首先需要注意抽取这些 DSML 的共性，将其提升为 DSMM 的基本建模元素。其次 DSML 设计人员可以在相关的领域中运用 DSMM 构建的特定元素 DSL，同时承担 DSMM 和 DSL 的设计任务。DSL 的最终用户选择特定应用领域的专家，如鱼雷专家。

在 L0 层，将使用在 L1 层得到的 DSL 开发具体的鱼雷行为描述模型。所有层次中尚未赋值的属性将在本层得到赋值，已经赋值的属性在本层再次赋值时将进行属性覆盖。L0 层模型也分为 4 类，具体如下。

（1）状态集。

状态集包括 Start(start=0.0,duration=0.0)、swg1(start=1.0,duration=10.0)、shg1(start=12.0,duration=5.0)、shs1(start=17.5,duration=10.0)、shg2(start=28.0, duration=5.0)、 sfa1 （ start=33.0,duration=2.0 ） 和 Termination （ start=35.0, duration=0.0 ）。这些状态分别表示了一个具体鱼雷行为实例的各个状态，同时标识了各个状态实例的开始时间和持续时间。

（2）事件集。

事件集包括 LaunchTorpedo(occur=<1.0, 0>)、SignalIsInterrupted(occur=<11.0,1>)、etl1（ occur=<17.0, 0>)、etl2（ occur=<17.5, 1>)、etf1（ occur=<27.5,

1>）、eenba1（occur=<33.0, 1>）和 eto1（occur=<35.5, 0>）。这些事件表示具体鱼雷行为实例的各个触发事件，并标识了各个触发事件的触发时间。每个触发事件都用一个数值对"SuperdenseTime（occurTime，优先级）"表示，其中第一个元素表示事件触发时的时刻，第二个元素表示事件的触发优先级，用于规定同时触发的事件的执行顺序（0 表示最高优先级）。

（3）转移集。

转移集包括":Trigger"":SI2ELC"":ELC2SWG"":SWG2EIB"":EIB2SHG"":SHG2ETL"":CETL"":ETL2SHS"":SHS2ETF"":ETF2SHG"":SHG2EenBA"":EenBA2SFA"":SFA2ETO"和":ETO2SPT"。这些转移表示具体鱼雷行为实例中各个状态和事件之间的转移关系。其中，":CETL"表示从事件"etl1"到事件"etl2"的转移，表示连续事件的触发。

（4）扩展集。

扩展集包括指挥官（name="John"）和因子"WireWithPoorQuality"，分别表示特定事件的触发者和事件的触发原因。例如，"LaunchTorpedo: ELC"的触发者是指挥官"Commander : Trigger"，其名字叫"Li"，而"SignalIsInterrupted: EIB"事件的触发原因是电缆本身质量不佳。

3.4.3　SEvent 语言的具体语法设计

当前，领域特定语言的具体语法可以分为两类。一类是借助通用的语法定义工具，如 Xtext[①]、TCS[16] 或 ANTLR[②]。这些工具定义了一个 DSL 的语法，然后在下一元层次立即使用。另一类是支持多层次的 DSL 语法设计方法，此类方法定义了一种 DSMM 语言的语法及下一元层次 DSML 的语法。例如，SEvent 语言的语法设计就属于三层次的，它不仅要提供 L1 层领域特定元模型的语法，还要提供 L0 层模型实例的语法，并支持在 L0 层上的语言扩展元素的语法定义。下面将介绍采用 Xtext 和 MetaDepth 设计

---

① http://www.eclipse.org/Xtext/

② http://www.antlr.org/

SEvent 的具体语法。

1. Xtext 的 DSL 具体语法定义

Xtext 是集成在 Eclipse 平台上的语法设计模块，能够很好地支持 GPL 和 DSL 的语法定义，并且有许多现成的工具作为支撑。但是，它也存在一定的局限性，例如，它只支持两层次的语法定义及其使用。当面对 SEvent 这样的多层次领域进行特定元建模时，Xtext 并不能很好地表达跨层次的语法定义。下面首先介绍 Xtext 的相关技术，然后在 L2 层定义 SEvent 的 Xtext 语法，并使用 L2 层定义的语法在 L1 层定义 DSL。

Xtext 是支持 DSL 的文本具体式语法开发框架，包括解析器、连接器、类型检测器。它提供了许多概念和语法结构体，主要包括语言声明、声明包、规则、解析规则、隐藏终端标记、数据类型规则和枚举规则。Xtext 还提供了 EMF 资源的具体实现，叫作 XtextResource，如图 3-18 所示。

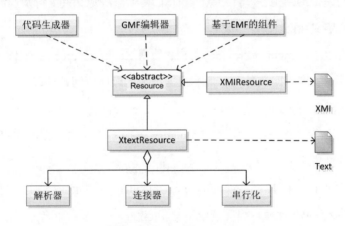

图 3-18　XtextResource

Xtext 的解析器支持文本到 EMF 模型的转换，反之亦然，因此 Xtext 模型也可视为基于 Ecore 的模型，使得基于 EMF 的工具也能对 Xtext 模型进行操作。实际上，Xtext 向导创建的生成器并不关心模型是否是 Xtext 描述的，它能对任何基于 Ecore 模型的模型进行操作。因此，在理想情况下，我们能根据自定义的 DSL 改变模型的串行化格式。

相较于默认的 XMI 串行化，使用自定义的文本式语法作为主要的语言存储格式有许多好处。例如，它支持常用的工具和技术进行操作，如文本编辑器；支持相同的工具进行源代码版本控制，以便开发人员能够使用熟悉的语法进行版本比较和融合；不会破坏 Xtext 模型以致于编辑器无法再次打开这些模型；即使这些模型与 Ecore 模型的新版本不兼容，模型也可以被相同的工具所固化。

Xtext 的目标是定义简单易用、友好的 DSL，聚焦于语言的语法而非语义方面。因此，Ecore 模型覆盖的范围实际上比 Xtext 语法更广泛，包含的概念也更多。然而，并不是每一个 EMF 模型表达的概念都能用 Xtext 文本式的语法进行描述。在设计 Xtext 文本时，应注意以下几点。

- 更倾向于使用非强制的规则，如 "0..1（？）" "0..（ ）"，而不是使用强制性的规则，如 "1..*（＋）"，以及 Xtext 默认的规则。
- 不应使用 Xtext 编辑器定义相同的模型实例，以避免定义其他自同步的编辑器，因此基于 Xtext 的 DSL 具体语法定义只支持两层次的 "语言定义-语言使用" 模式。
- 实现了 IFragmentProvider 接口，使得 XtextResource 基于片段所包含的元素名返回该片段，而非根据出现的顺序返回该片段。
- 实现了 IQualifiedNameProvider 和 IScopeProvider，确保交叉使用的元素名字唯一；提供了 IFormatter 以提高所生成的文本式模型的可读性。
- 注册了一个 IReferenceElementsUnloader，将删除或替换的模型元素转入 EMF 代理，提高了应用的稳定性。
- 注册了一个 EMF Resource.Factory，自定义的文件扩展资源将会在生成 Xtext 插件时自动加载进 XtextResource。

图 3-19 所示为基于 Xtext 的 SEvent 具体语法定义。创建一个 Xtext 应用会默认生成四个项目，包括主项目、应用环境配置、测试和用户接口四个类。在 Xtext 文本编辑器中，定义模型（SEvent）的组成元素包括节点类型（Node）、数据类型（SEventDataType）、名字类型（SEventNameType）和连接类型（Connection）。

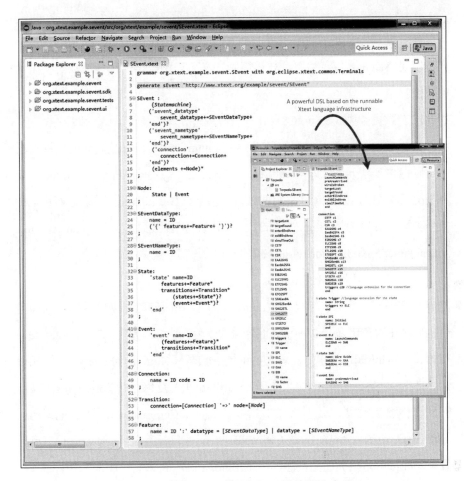

图 3-19　基于 Xtext 的 SEvent 具体语法定义

（1）节点类型（19～21 行）。

节点类型包括两种规则，即状态（State）或事件（Event），用"State | Event"表示。其中，状态规则（State）主要定义了关键字'state'、属性规则（Feature）及转移规则（Transition），同时支持复合状态中所包含的状态和事件。事件规则（Event）定义了关键字'event'、属性规则及转移规则。

在面向鱼雷物理域行为的描述中，SEvent 语言定义的状态规则包括 8 类，分别为 Trigger、SPI、SWG、SHG、SHS、SFA、SPT 和 ST，其中，Trigger 为语言扩展的状态规则；事件规则也包括 8 类，分别为 ELC、EAA、EIB、ETL、EenBA、ETF、EexBA 和 ETO，其中，EIB 中的属性 factor 为语言扩展的属性规则。

属性规则定义了属性名称及属性的类型，类型可以是 SEvent 数据类型，也可以是 SEvent 名字类型。转移规则定义了连接类型引用到节点类型引用的转换。

（2）数据类型（23～26 行）。

数据类型包括数据类型的名字，即"name = ID"，以及可选的属性，其中可以包含多项元素，即"features += Feature+"（这里的 Feature 为规则，而不是交叉引用）。在面向鱼雷物理域行为的描述中，SEvent 语言定义了 4 种数据类型，分别为 String、Float32、Int32 和符合数据类型 SuperdenseTime（occurTime: Float32 priority: Int32）。

（3）名字类型（28～30 行）。

名字类型只含有名字，即"name = ID"。在面向鱼雷物理域行为的描述中，SEvent 语言定义了 7 种状态名字类型，分别为鱼雷状态（Torpedo State）、初始状态（Initial）、线导（Wire Guide）、自导（Homing Guide）、螺旋式搜索（Helical Search）、末端攻击（Final Attack）及终止（Terminal），以及 8 种事件名字类型，分别为发射指令（LaunchCommands）、预定区域到达（preAreaArrived）、电缆折损（wireIsBroken）、目标丢失（targetLost）、目标发现（targetFound）、退出盲区（exitBlindArea）、进入盲区（enterBlindArea）和超过仿真时长（simulTimeOut）。

（4）连接类型（48～50 行）。

连接类型包括连接的名称和代码，即"name=ID code=ID"。在面向鱼雷物理域行为的描述中，SEvent 语言定义了 20 种连接类型，包括 CETF、CETL、CSR、EAA2SHG、EenBA2SFA、EexBA2SHS、EIB2SHG、ELC2SWG、ETF2SHG、ETL2SHS、ETO2SPT、SFAEexBA、SHG2EenBA、SHG2ETL、SHS2ETF、SPI2ELC、ST2ETO、SWG2EAA、SWG2EIB 和触发器，其中，触发器为语言扩展的连接类型。

2. MetaDepth 多层次具体语法设计

MetaDepth[17-19]是用于创建模板语言的集成环境，旨在定义 DSL 的多层次文本式具体语法。模板语言中的模板具有一个控制元层次的标识，用于定义每个对象的语法。如前所述，"potency 1"标识的语法模板将在下一个元层次中使用，即进行实例化或赋值，"potency 2"标识的语法模板将在下两个元层次中使用。需要注意的是，前文中使用的"level"标识与"potency"相同，都表示特定的实例化元层次。

DSMM 语言的设计需要考虑其使用和扩展方式，即并非所有扩展都适合特定语言。因此，MetaDepth 提供两种控制机制：一种是使用修饰语来识别不可扩展的语言元素；另一种是利用约束来确保特定扩展程度。

一方面，MetaDepth 使用"strict"标记不可扩展元素。因此，凡是被"strict"标记的 DSMM 语言模型，在下一元层次中不能增加没有本体类型的对象，也不能对被"strict"标记的对象进行新属性、引用或约束的定义。例如，如果我们在 L2 层将 External Event 标记为不可扩展元素，则在 L1 层不能添加新的属性值"factor: String"；同样地，如果将 L2 层的 SEvent 模型标记为不可扩展元素，则在 L1 层不能添加新的对象"Trigger"。

另一方面，未被标记为"strict"的元素可能仍需要通过定义约束来控制其语言扩展程度。例如，在为 L1 层的事件 ETL（name="targetLost"）声明某一属性为主键时，该主键将在 L0 层进行赋值。理论上，也可以在 L2 层的 InternalEvent 中设置，但在某些事件中，唯一标识符由 L1 层 DSML 的设计人员决定，如为某个 ETL 的所有实例设置编号，这个编号在 L0 层进行赋值。因此，需要添加约束以加强语言元模型的领域表达能力。MetaDepth 语言元模型如图 3-20 所示。

MetaDepth 语言元模型的基本元素是 Element，类似于前面提到的"clabject"，它实现了类型和实例两个方面的接口。Element 具有名称（name）、实例化层次（potency）、集势（cardinality）和语言扩展（strict）等属性，其中，名称是唯一标识符。

QualifiedElement 包括属性关联（fields）、引用关联（references）和新属性关联（newFields），分别表示关联聚合、非原生类型和语言扩展的属性。需要注意的是，这里的原生类型指的是 Integer、String 等内置类型，而不是父类型指向某个模型、类或枚举类型。另外，references 返回指定类型的所有实例，value 返回指定属性的值，setValue 用于设置某个属性的值。

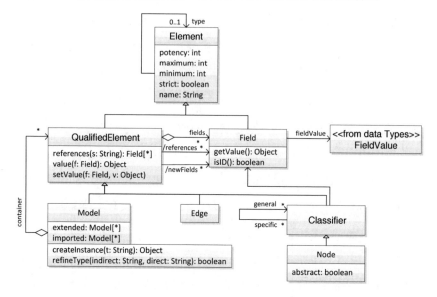

图 3-20　MetaDepth 语言元模型

Classifier 通过通用和具体的关联实现继承关系。叶节点包括 Model、Edge、Node 和 Field。Model 具有 extended 和 imported 两个属性，分别表示模型的扩展和插入。此外，Model 还包括 createInstance 和 refineType 两个操作，分别表示创建指定类型的模型实例和检查某个指定类型是否为另一个类型的直接或引用实例。具有抽象属性的节点表示抽象节点。Field 中的操作返回 getValue 属性值，isID 用于检查该属性是否为唯一标识符。另外，属性值存储在 FieldValue 的实例中，FieldValue 在数据类型中定义。MetaDepth 数据类型如图 3-21 所示。

FieldValue 表示属性值，包括原子数据值（AtomicValue）和集合数据值（CollectionValue）两种类型。原子数据值包括日期（DateValue）、字符串（StringValue）、双精度（DoubleValue）、对象（ObjectValue）等，其中，对象数据值与语言元模型中的 QualifiedElement 相关联。MetaDepth 包含原生数据类型（PrimitiveDataType）、枚举数据类型（EnumerationDataType）和语言类型（LinguisticDataType），原生数据类型包括日期（DateType）、字符串

（StringType）、双精度（DoubleType）等常用数据类型。

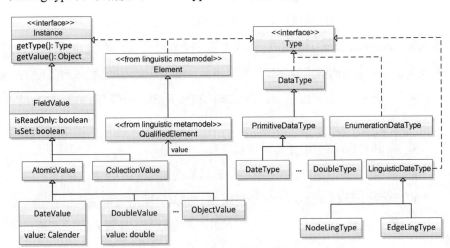

图 3-21　MetaDepth 数据类型

在 MetaDepth 中，如果模型中的名称与语言元模型中的名称发生冲突，那么 MetaDepth 会使用双向"^"标识语言元模型中的名称。例如，在 L1 层中的状态节点 State.SWG（name="Wired Guide"），SWG.name 返回"Wired Guide"，SWG.^name 返回"SWG"。另外，可以为 MetaDepth 的 DSMM 过程添加约束。例如，在 L2 层声明所有的内部事件都必须具有唯一标识符，并且在 L1 层进行评估，该约束如下。

Node InternalEvent {

…

existsId@1: **self**.newFields().exists(f|f.isID())

}

在 L1 层的 DSML 设计中，为了满足上述约束，需要定义一个唯一标识符的属性，例如，

Node InternalEvent ETL {

name = "TargetLost";

number: String{**id**};　//在 MetaDepth 中，{id}表示唯一标识符的关键字

…

}

MetaDepth 的模板语言元模型如图 3-22 所示。MetaDepth 模板语言由多个模板（TemplateRule）组成，主要包括两种类型的模板：关联模型的模板

（ModelTemplate）和关联节点的模板（NodeTemplate）。在定义模型的具体语法时，必须有一个模型模板作为入口点与该模型关联。模板由一系列相邻的模板元素（TemplateElement）组成，如果存在多个顺序片段，则可以随机地执行。模板元素定义了如何解析或序列化模型元素，模型元素通常包括5种类型。

- 集合（Group）表示一系列重复的模板元素，一般有"0.." "1.."和"0..1"透明类型。
- 标记（Token）定义关键字或符号。
- 模板引用（TemplateRef）链接到其他的模板。
- 属性引用（FieldRef）链接到属性，根据属性的类型生成相应的属性值。例如，对于父属性，如果属性类型是整型（整数），那么只有整数才是有效的值；对于非父属性，其值应为与引用类型一致的模型元素。
- 语言结构体（Linguistic）定义 DSMM 语言扩展能力。

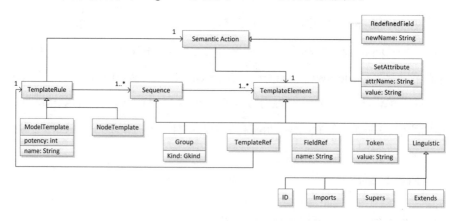

图 3-22　MetaDepth 的模板语言元模型

对于语言结构体，其控制着 DSMM 语言可能的语言扩展，可分为两种类型：一种是关于模型的，包括 Extends、Imports、LingElements、Constraints 4 种，分别表示模型的扩展、模型导入、语言扩展和新的约束；另一种是关于对象的，包括 Extends、Id、Type、Typename、Fields、Constraints、Supers、FieldValues 和 Instances 9 种，分别表示对象扩展、对象标识、模板的直接类型、模板的非直接类型、属性、约束、继承、属性值和实例。

最后，模板还包括与模板元素关联的语义动作（Semantic Action）和语法断言（Syntactic Predicate）。一方面，某些模板元素会触发语义动作。例如，模板语言元模型中的"SetAttribute"会触发属性赋值动作，这些属性可能隶属于一个模型，也可能隶属于 MetaDepth 语言元模型。当属性隶属于 MetaDepth 语言元模型时，需要在属性前加上前缀"^"。另一方面，语法断言定义了如何解析或序列化某些模板元素。例如，"stdInt"断言指代某个给定属性的解析值必须是整型格式，即使这个属性的类型是非整型，如字符串。MetaDepth 还定义了其他类型的语义动作和语法断言，如表 3-3 所示。

表 3-3　MetaDepth 中其他类型的语义动作和语法断言

名　字	类　型	语　法	语　义
set	Semantic Action	"token" set property = value	属性赋值
redefinedBy	Semantic Action	x redefinedBy y	引用 y 实例化引用 x
stedIdentifier	Syntactic Predicate	property is stdIdentifier	字符串类型是标识符
stdInt	Syntactic Predicate	property is stdInt	属性被解析为整型属性，且转化为其他数据类型，如整型到浮点型的转换
stdDecimal	Syntactic Predicate	property is stdDecimal	属性被解析为十进制数据类型，且转化为其他数据类型，如十进制到字符串的转换
fieldIsId	Syntactic Predicate	x is id	某个属性被设置为对象的关键字，注意模板语言元模型中的 Id 是默认设置的
openBlock	Syntactic Predicate	"begin" openBlock	建立某个标记，以打开布局（Layout）的某个块
closeBlock	Syntactic Predicate	"end" closeBlock	建立某个标记，以关闭某个块

3. SEvent 的 MetaDepth 设计

MetaDepth 模板语言用于定义文本式具体语法，通过该语法可以创建特定领域的元模型，即 DSL。图 3-23 所示为 SEvent 的具体语法定义及其在 L1 层上的使用，该定义在 L2 层。

图 3-23 左侧第 1 行定义了 SEvent 的具体语法，使用该语法创建 DSL 的文件扩展名是".se_mm"。第 2~5 行定义了 SEvent 具体语法的模型模板。模型模板是语法定义的入口点，它可以关联到其他模板，如第 4 行，SEvent

模型模板包括 0 个或多个状态模板、事件模板和转移模板。另外,它还声明了所有模板的实例化层次为 1(potency=1),即这些模板将会在下一个元层次上使用。第 7~9 行定义了 State 的具体语法,关键字^Id 返回某一个元素的标识符,#返回某一个对象的属性值,with 则引入语义动作或语法断言(第 9、13、17 行)。第 9 行是 set 语义动作,表示当解析到 "abstract" 标记时,abstract 的属性设为 true;第 13 行是语法断言,表示将属性 name 设置为事件的标识符;第 17 行将会触发两个语义动作,即 src 和 tar 将会在下一元层次分别被实例化为 from 和 to。

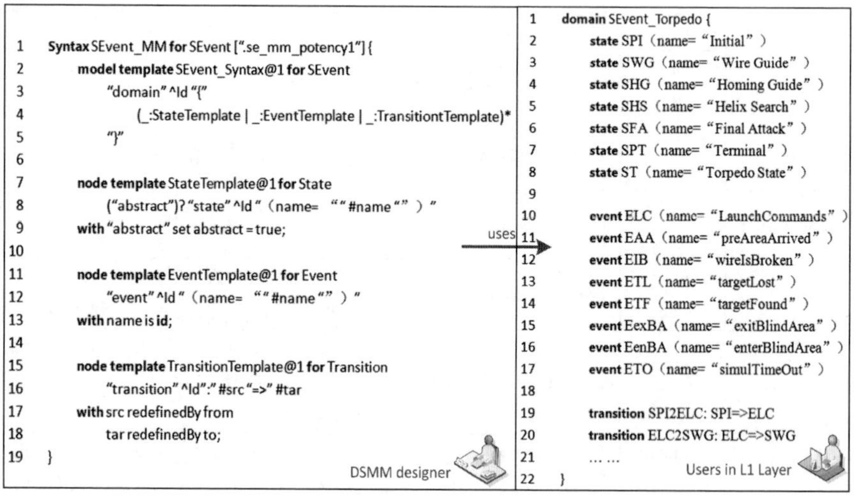

图 3-23　SEvent 的具体语法定义及其在 L1 层上的使用

　　将图 3-23 左侧显示的模板运用在鱼雷物理域行为描述领域,得到图 3-23 右侧的 DSL。该 DSL 定义了鱼雷物理域行为描述领域最基本的 7 种状态、8 种事件,以及 19 种转移。

　　由于 DSL 的使用人员在 L0 层创建模型,因此还需要定义 SEvent 在 L0 层的具体语法。前面已经定义了 SEvent 在 L1 层的具体语法,这些定义将会在 L0 层的定义中得到重用。图 3-24 所示为 SEvent 的具体语法定义及其在 L0 层上的使用。这些定义声明了使用该语法创建的模型文件不同于上面的.se_mm 文件,其文件扩展名为 ".se",以及所有模板的实例化层次为 2(potency = 2)。而实际上,DSMM 设计人员并不知道这些语法模板是定义在哪个模型类型上的，@2 只表示该模型类型是 SEvent 的非直接实例，所以不能用^Type 返回直接实例类型名，而是用^Typename 来表示 SEvent 的非直接实例类型名（第 8、12、15 行）。可以看到，图 3-24 右侧创建了鱼雷 MK-48 的实例模型，该模型中包含了相关的状态、事件及其转移实例（这里为了表达简明，省略了部分转移实例）。

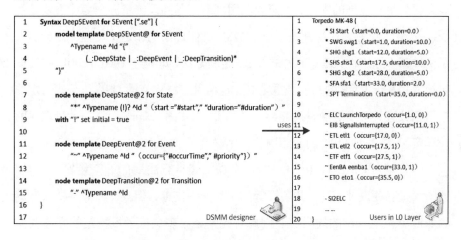

图 3-24　SEvent 的具体语法定义及其在 L0 层上的使用

在 MetaDepth 的模板语言元模型中，可以通过 4 种关于模型的关键字（Extends、Imports、LingElements、Constraints）及 9 种关于对象的关键字（Extends、Id、Type、Typename、Fields、Constraints、Supers、FieldValues、Instances）实现 DSMM 语言的扩展。具体可以使用以下几种关键字进行操作。

- ^Fields 用于声明新的属性。
- ^LingElements 用于声明新的对象。
- ^Constraints 用于声明新的约束。
- ^Supers 用于定义新的继承关系。
- ^FieldValues 用于定义属性实例。
- ^Instances 用于定义对象实例。

另外，也可以通过设计一些语义动作或语法断言来扩展功能。例如，可以扩展图 3-23 中的具体语法定义，以定义新的语言类型如"Trigger"、状态之间的继承关系、新的关系属性及约束。

3.5 小结

DSL 的定义具有矛盾的两面性,即语言的表达能力和工程化设施之间的权衡。通常情况下,这两者不能同时达到最佳状态。追求 DSL 的表达能力可能会弱化基础设施的支持,而想要利用现有的基础设施资源则可能需要牺牲 DSL 的表达能力。本章首先介绍了 DSL 的组成结构和定义过程,然后引入了两种基于通用性元建模设施的 DSL 定制方法,即基于 UML Profile 的轻度级扩展和基于 EMF 的元模型重定制。这两种方法定义的 DSL 在某些特定的应用领域既具有良好的表达能力,又基于 MOF 和 Ecore 而具备大量现成的建模资源。在两种方法的介绍中,分别联合了 AST 和 GFCCS 的案例。

尽管基于 UML Profile 和 EMF 的 DSL 设计方法具有许多优势,如有现成的大量有关设计、开发和验证等的工具作为支撑,但其在面对某些特定的领域时也呈现一定的局限性。因此首先介绍了多层次领域特定的元建模框架,给出了本体类型、语言类型、语言扩展等重要概念的形式化定义。其次,以 SEvent 为例,探讨了 SEvent 的三层次定义及其实例化,包括定制 SEvent 的 DSMM 元建模设施、SEvent 对于鱼雷物理域行为描述的 DSL 设计及其使用。最后探讨了 SEvent 的两种具体语法实现机制,即两层次的 Xtext 具体语法定义和多层次的 MetaDepth 具体语法设计。

另外,建模语言的动态语义是否表示以及如何表示将直接影响所生成的 DSME 的准确性,特别是抽象层次越高的建模语言,语义的表示就越困难,相关设计、验证等工具的准确生成就越具有挑战性。基于通用性元建模设施的 DSM 方法得到了与 UML/MOF 和 Ecore 相关的大量现成工具的支持,但基于 DSMM 的 DSL 定制方法则需要进一步研究相关支撑工具的生成。

参考文献

[1] LANGER P, WIELAND K, WIMMER M, et al. From UML profiles to EMF profiles and Beyond[C]//In Proceedings of the 49th international conference on Objects,

models, components, patterns. Zurich, Switzerland, 2011: 52–67.

[2] CHALLENGER M, KARDAS G, TEKINERDOGAN B. A systematic approach to evaluating domain-specific modeling language environments for multi-agent systems[J]. Software Quality Journal, 2016, 24(3): 755–795.

[3] MERNIK M, HEERING J, SLOANE A. When and how to develop domain-specific languages [J]. ACM Computing Surveys, 2005, 37(4): 316–344.

[4] STREMBECK M, ZDUN U. An approach for the systematic development of domain-specific languages[J]. Software: Practice & Experience, 2009, 39(15): 1253–1292.

[5] SPINELLIS D. Notable design patterns for domain-specific languages[J]. The Journal of Systems and Software, 2001, 56(1): 91–99.

[6] CUADRADO J S, MOLINA J G. Building domain-specific languages for model-driven development[J]. IEEE Software, 2007, 24(5): 48–55.

[7] MOSTERMAN P J, VANGHELUWE H. Computer Automated Multi-Paradigm Modeling: An Introduction[J]. Simulation, 2004, 80(9): 433–450.

[8] SELIC B. A Systematic Approach to Domain-Specific Language Design Using UML [C]//In Proceedings of 10th IEEE International Symposium on Object and Component-Oriented Real-Time Distributed Computing (ISORC). Santorini Island, Greece, 2007: 2–9.

[9] 王维平. 离散事件系统建模与仿真[M]. 2 版. 北京: 科学出版社, 2007.

[10] U. S. Department of Defense. DOD Dictionary of Military and Associated Terms[R]. Washington D. C.: U. S. Department of Defense, 2016.

[11] WATTS A, ANTHONY J. Jane's Underwater Warfare System [M]. 11th ed. Coulsdon, Surrey, UK: Jane's Information Group Limited, 1999.

[12] LIANG K H, WANG K M. Using simulation and evolutionary algorithms to evaluate the design of mix strategies of decoy and jammers in anti-torpedo tactics[C]//In Proceedings of the 38th conference on winter simulation. Monterey, California, December 2006: 1299–1306.

[13] BOYD J R. A Discourse on Winning and Losing[R]. Maxwell AFB, AL: Air University Press, 1987.

[14] 石福丽. 基于超网络的军事通信网络建模、分析与重构方法研究[D]. 长沙: 国防科技大学, 2013.

[15] PTOLEMAEUS C. System Design, Modeling, and Simulation using Ptolemy II[M]. Berkeley: University of California, 2014.

[16] JOUAULT F, BÉZIVIN J, KURTEV I. TCS: a DSL for the specification of textual concrete syntaxes in model engineering[C]//In Proceedings of the 5th international

conference on Generative programming and component engineering. Portland, ON, October 2006: 249–254.

[17] DE LARA J, GUERRA E, CUADRADO J S. Model-driven engineering with domain-specific meta-modeling languages[J]. Software and System Modeling, 2015, 14(1): 429–459.

[18] DE LARA J, GUERRA E. Deep meta-modelling with MetaDepth[C]//In Proceedings of the 48th international conference on Objects, models, components, patterns. Málaga, Spain, June 2010, 6141: 1–20.

[19] DE LARA J, GUERRA E. Domain-specific textual meta-modelling languages for model driven engineering[C]//In Proceedings of the 8th European conference on Modelling Foundations and Applications. Lyngby, Denmark, July 2012: 259–274.

前面提到，模数驱动的数字化建模方法主要包括三种模数融合形式：以模型为主要建模资源、以数据为主要建模资源，以及注重模型与数据互联互通。鉴于作者长期从事仿真建模实践，积累了大量领域模型和仿真资源的系统，加上对军事领域武器装备作战训练数据的敏感性，本章选择以模型为主、以数据为辅的方式作为模数驱动的数字化建模基础。

4.1 模数驱动架构

智能装备体系仿真的模数驱动架构延续了经典装备体系仿真建模框架[1]，旨在满足对传统装备体系仿真系统的智能化建模仿真需求。其主要任务是开发通用的智能化建模框架，以拓展系统中的装备体系作战仿真中OODA[2]各环节的智能能力。图 4-1 所示为智能装备体系仿真的模数驱动架构，其主要包括物理域、认知域和数据样本三大模块。相较于传统装备体系仿真建模，其智能化建模能力主要体现在对数据样本的利用及认知域建模部分。

为了更好地组合重用仿真模型，仿真建模人员通常将装备体系仿真领域知识分为物理域和认知域两种类型。通过预定义的状态查询和命令解析接口，物理域和认知域可以实现跨域互联。物理域知识相对稳定，一般基于模型框架采用 C++实现为动态链接库；而认知域是易变的，可能随指挥员、作战任务、战场环境等的变化而变化，一般采用 Python 实现为决策脚本。在智能装备体系仿真建模中，仿真运行采集得到的数据不仅用于简单的敏感性分析和效能评估工作，还将作为数据样本进行深度强化学习训练，得到数智 Agent，并将其嵌入功能决策树所描述的行为模型中的决策环节。

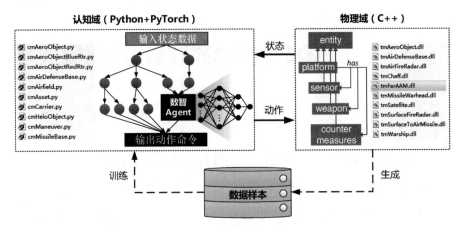

图 4-1　智能装备体系仿真的模数驱动架构

4.2　遗传模糊树

阿尔法（ALPHA AI）是由美国辛辛那提大学与美国空军联合研发的空战人工智能系统。该系统的核心方法是遗传模糊树（Genetic Fuzzy Tree，GFT），主要作为蓝方无人机在 AFSIM 仿真环境中训练飞行员在复杂空战环境中的战术能力[3-4]。阿尔法采用基于遗传模糊树的空战决策仿真建模方法，将决策空间的多个输入、输出变量进行模糊化或分类，基于遗传算法生成空战决策模糊推理规则，并将这些规则进行树形结构级联式连接，从而有效模拟人脑实施规则型推理以贯彻上层决策意图，产生可信的行为[5-6]。

遗传算法和模糊逻辑是遗传模糊树的理论基础。遗传模糊树基于模糊逻辑并采用级联树形结构，能有效表达不确定性信息，并以模块化的结构减小问题复杂性，提高模型可读性和可理解性。模糊逻辑善于表达界限不清晰的定性知识与经验，借助于隶属度函数模拟人脑实施规则型推理，解决常规方法难以表达的规则型模糊信息[7-8]。同时，遗传模糊树运用遗传算法将规则集、隶属度函数相关参数编码为染色体，并利用迭代的方式进行选择、交叉和变异等运算来交换种群中染色体的信息，最终生成符合优化目标的染色体[9-10]。

然而，遗传模糊树可能存在以下问题。

（1）没有明确区分决策推理和行为动作，导致模型混乱。

实际上，决策命令输出属于飞机行为动作，其产生于决策推理并影响决策。这两者在决策推理过程中并无交集，而是当前决策命令生成后直接作用于飞机本身。在建模过程中若不加以区分，将会给模型的理解和维护带来困难。

（2）模糊推理系统输出连续，表达能力有限。

遗传模糊树对决策变量的不同水平进行推理，去模糊化后为连续值，且该连续值将作为系统的输出。然而，在空战决策中，存在输入输出离散的决策点，如是否发射导弹、是否开启雷达、武器类型选择等。在运用模糊推理系统进行描述时，连续输出值的离散化意义解释性差。

（3）模型适用于具体决策问题，兼容性和继承性差。

根据已有规则建立起来的遗传模糊树模型只适用于解决具体决策问题。如果作战场景发生变化，装备发生革新，那么已有的决策模型无法继承，再次建模难度将增大。此外，模型的扩展性不佳，难以兼容其他方法，兼容性差。

4.2.1　演化历程

遗传模糊树的演化历程主要经历了遗传算法（Genetic Algorithm，GA）、模糊推理系统（Fuzzy Inference System，FIS）、遗传模糊系统（Genetic Fuzzy System，GFS）、遗传级联模糊系统（Genetic Cascading Fuzzy System，GCFS）和遗传模糊树几个过程，如表 4-1 所示。

表 4-1　遗传模糊树的演化历程

名　称	特　点
遗传算法	• 仿效生物界"物竞天择、适者生存"的演化法则 • 重点是隶属度函数的设计及方案空间的寻优方法 • 容易陷入局部最优

（续表）

名　　称	特　　点
模糊推理系统	• 使用更加符合人类思维习惯的自然语言推理 • "隶属度"精确刻画元素与模糊集合之间的关系 • 能有效应对不确定性，具备较好的计算性能
遗传模糊系统	• 使用 GA 创建和优化 FIS • 能够基于专家、飞行员经验创建 IF-THEN 规则 • 相比于线性规划，神经网络等具备一定的优势
遗传级联模糊系统	• GA 以级联的方式创建或优化多个 FIS • 运用层次化的 FIS 来分解复杂问题 • 能有效地基于模糊逻辑解决复杂问题
遗传模糊树	• 使用 GA 创建或优化多层级联树 • 运用 GFS 的学习能力解决复杂系统决策建模问题 • 大大改变空战决策建模状态、减少动作空间

4.2.2　建模框架

1. 遗传算法

遗传算法作为一种优化算法，与遗传模糊树的多种结合方式取决于优化对象（规则库、隶属度函数）及编码方法。采用遗传算法优化规则组合，可以获得人为经验外的前提条件组合情况。例如，FIS 包括以下规则。

If X0 is 1 and X1 is 1, Y is 0 .

If X0 is 1 and X1 is 2, Y is 1 .

If X0 is 1 and X1 is 3, Y is 2 .

If X0 is 2 and X1 is 1, Y is 1 .

If X0 is 2 and X1 is 2, Y is 2 .

If X0 is 2 and X1 is 3, Y is 3 .

If X0 is 3 and X1 is 1, Y is 1 .

If X0 is 3 and X1 is 2, Y is 3 .

If X0 is 3 and X1 is 3, Y is 3 .

遗传算法概念框架如图 4-2 所示。若逐行获取单元格的值，将获得字符串 012123133。一个字符串表示整个规则库和隶属度函数参数，因此在每一代都可以创建和评估多个规则库。字符串长度与计算时间有关。

图 4-2　遗传算法概念框架

2．模糊推理系统

模糊推理系统是一种将输入、输出和状态变量定义在模糊集上的系统，其通过隶属度函数对具体输入进行模糊化处理，用模糊逻辑来描述逻辑规则，从而简化推理过程，是确定性系统的一种推广。模糊推理系统从宏观出发，抓住了人脑思维的模糊性特点，在描述高层次知识方面有其长处，可以模仿人的综合推断来处理常规数学方法难以解决的模糊信息处理问题，使计算机应用得以扩大到人文、社会科学及复杂系统等领域，能够较好地解决非线性问题。模糊推理过程一般分为 5 个步骤。

（1）输入变量模糊化。

隶属度函数是一条曲线，它定义了如何将输入空间中的每个取值映射到 [0,1] 区间的隶属函数值（也称为隶属度）。通过隶属度函数将前提条件中的所有模糊语句解析为 0 到 1 之间的隶属度值。如果前提只有一个部分，那么这就是对规则的支持程度，也就是属于某一水平的程度，而非概率。

（2）模糊算子在先行词中的应用。

模糊算子用于描述模糊推理规则，一般的规则描述采用产生式表示法进行表示。如果前提条件不止一个，则应用模糊逻辑运算，将前提解析为 0 到 1 之间的隶属度值。

（3）计算前提条件对结果的影响。

模糊规则的结果将整个模糊集分配给输出，该模糊集由隶属度函数表示，隶属函数值指示结果的质量。如果先行词仅部分为真（赋值小于 1），则根据蕴含方法截断输出模糊集。

（4）进行模糊决策。

将每个规则的输出模糊集聚合为单个输出模糊集。

（5）去模糊化。

将推导得到的模糊值转换为明确的控制信号，此时输出为一个清晰值，且该清晰值作为下一个系统的输入值。常用的去模糊化方法包括重心法、加权平均法、最大隶属度法。

3. 级联树形结构

遗传模糊树本质上为模糊推理树，即级联的模糊推理系统，通常结合遗传算法对其中的规则组合及隶属度函数参数进行优化调整。一般的模糊推理树是由多个 FIS 级联组成的树形结构。通过 FIS 将观测数据作为输入，通过隶属度函数进行模糊处理，利用一组规则确定模糊输出，然后将模糊输出转换为简单控制动作。对于具有许多输入和输出的复杂问题，单个 FIS 可以正确控制，但输入状态和输出状态的每种可能组合都需要一个规则，组合空间剧增。遗传模糊树概念框架如图 4-3 所示，W、X、Y、Z 分别表示系统 4 种数据的输入，a、b、c、d 分别表示 4 种输入的水平。如果 a、b、c、$d=4$，$n=5$，则系统将有 1280 条规则。构成级联结构之后，如果 $i=4$，则规则数量为 96 条，大大地减小了规则空间。

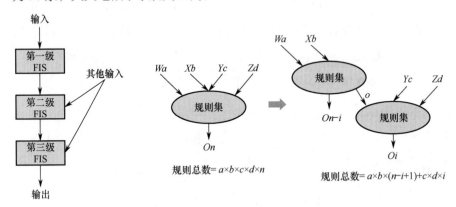

图 4-3　遗传模糊树概念框架

4.2.3　火控系统模型

图 4-4 所示为武器发射火控系统如何表示为级联模糊树形结构。若采用单个武器控制 FIS，则一般的输入集合包括 7 个变量：剩余自防御导弹数量

（SDMs）、激光武器系统（LWS）能力、激光武器系统（LWS）效能、编队自防御导弹数量（SDMs）、编队激光武器系统能力（LWS）、飞行中的空对空导弹数量及到攻击下一目标的时间。输出集合包括 6 种决策方式：选择发射自防御导弹进行攻击（SDM），以及选择无延时、低延时、中延时、高延时和最大延时激光武器系统进行攻击。

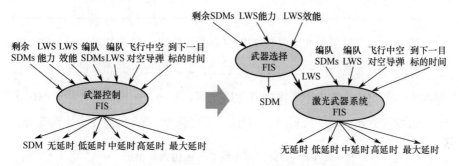

图 4-4　武器发射火控系统如何表示为级联模糊树形结构

若采用级联模糊树形结构将武器控制 FIS 进行拆分，则分为武器选择 FIS 和激光武器系统 FIS。武器选择 FIS 的输入只包括与该 FIS 相关的变量，即剩余自防御导弹数量、激光武器系统（LWS）能力和激光武器系统（LWS）效能，输出是选择发射自防御导弹（SDM）或选择激光武器系统（LWS）进行攻击。同理，激光武器系统 FIS 也只包括与之相关的输入和输出，从而显著降低了决策空间的复杂度。

表 4-2 所示为武器发射置信 FIS 的输入与输出，输入变量包括任务时间和已知威胁数量，输入隶属度函数均为 3 个模糊等级，输出隶属度函数包括保守、正常和大胆 3 个模糊等级。

表 4-2　武器发射置信 FIS 的输入与输出

模　糊　输　入	输入隶属度函数	输出隶属度函数
任务时间	3	保守
已知威胁数量	3	正常
—	—	大胆

表 4-3 所示为武器选择 FIS 的输入与输出，输入变量的输入隶属度函数均为 3 个模糊等级，输出隶属度函数包括发射自防御导弹和使用激光武

器系统 2 个模糊等级。

表 4-3　武器选择 FIS 的输入与输出

模 糊 输 入	输入隶属度函数	输出隶属度函数
激光武器系统能力	3	发射自防御导弹
剩余自防御导弹	3	使用激光武器系统
激光武器系统效能	3	—

表 4-4 所示为激光武器系统 FIS 的输入与输出，输入变量包括到攻击下一目标的时间、飞行中的空对空导弹数量、编队自我防御导弹数量和编队激光武器系统能力，输入隶属度函数分别为 4、3、4、4 个模糊等级，输出隶属度函数包括无延时、低延时、中延时、高延时和最大延时 5 个模糊等级。

表 4-4　激光武器系统 FIS 的输入与输出

模 糊 输 入	输入隶属度函数	输出隶属度函数
到攻击下一目标的时间	4	无延时
飞行中的空对空导弹数量	3	低延时
编队自我防御导弹数量	4	中延时
编队激光武器系统能力	4	高延时
—	—	最大延时

4.3　功能决策树

功能决策树将决策行为表示为树节点，是按实际决策过程组织而成的多叉树。与决策树不同，功能决策树将业务过程中的各个决策点有序组织在一起，描述的是某个应用中的一次完整决策过程。而决策树以属性为节点，将信息增益进行属性划分，是一种常用的解决分类问题的机器学习方法。

4.3.1　设计理念

【定义 4.1】功能决策树：

功能决策树为一个五元组 $FDT = (T, N_{data}, N_{action}, N_{decision}, \ \xi, \delta, \lambda)$。其中，$T$ 为时间集，N_{data} 为分析节点集，N_{action} 为动作节点集，$N_{decision}$ 为决策节点

集，$\xi: N_{\text{data}} \rightarrow N_{\text{decision}}$ 为数据输入函数，$\delta: N_{\text{decision}} \times N_{\text{data}} \rightarrow N_{\text{decision}}$ 为决策节点控制函数，$\lambda: N_{\text{decision}} \times N_{\text{data}} \rightarrow N_{\text{action}}$ 为动作输出函数。

功能决策树的设计理念主要包括以下三点。

（1）与目前大多数作战仿真系统所采用的基于状态和事件描述的建模方法不同，功能决策树是从功能的视角去定义行为模型，属于一种更高层次的抽象建模方法。仿真建模人员不需要定义和维护大量的状态、事件等变量，就能有效缓解由输入变量过多带来的状态空间组合爆炸问题。

（2）功能决策树采用树形分层级联结构来描述决策与决策之间、决策与动作之间的节点控制关系，仿真建模人员能方便地对功能决策树模型中的节点进行删除、增加、复用和修改等操作，易于维护和扩展。

（3）功能决策树中的树节点是一类高度抽象的决策行为，可看作黑箱接收相关输入并进行相应处理后得到输出，仿真建模人员不需要关注节点内部计算。功能决策树有望兼容其他典型仿真建模方法，如行为树、状态机、遗传模糊树、神经网络等。

4.3.2　元模型设计

1．元模型

功能决策树元模型如图 4-5 所示，它进一步描述了功能决策树的基础建模元素及其之间的相互关系，并采用 UML 类图表示。在该元模型中，根节点为树，由抽象树节点（Node）和抽象边（Edge）组合而成。抽象树节点包括 3 类：数据节点（DataNode）、动作节点（ActionNode）和决策节点（DecisionNode），并且每个节点都有相应的成员函数，如数据计算（data_computing()）、动作执行（do_action()）和决策（decision_making()）。抽象边则包括数据边（DataEdge）和决策边（DecisionEdge），分别表示数据传输和决策逻辑控制。

在这个模型中，非叶子节点包括决策节点和数据节点，它们都继承自抽象组合节点（CompositeNode），这种继承关系表示了层次化建模关系。

同时，抽象组合节点与动作节点都继承自抽象树节点，而且这些继承关系具有{complete, disjoint}约束，表示了完全和互斥的派生关系。此外，一个节点可以有多个输出节点或输出边，但一个输出边只能有一个源节点或目标节点。

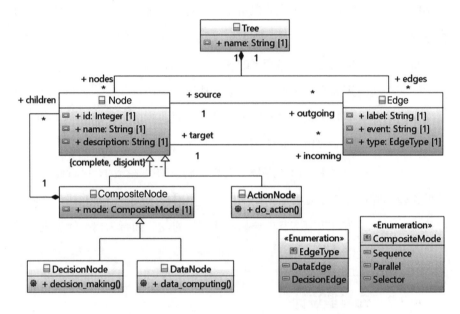

图 4-5　功能决策树元模型

2. 仿真执行算法

功能决策树仿真执行算法主要分为 3 个阶段：初始化决策、数据传输处理和决策逻辑控制，如算法 4.1 所示。初始化决策负责功能决策树的构建，主要用于初始化树节点和节点之间的父子关系。数据传输处理负责对数据节点进行排序，以确保作为输入的数据节点先计算，作为输出的数据节点后计算，如图 4-6 所示，其拓扑排序应为 A 或 B 或 C 或 G 先计算，其次 D 或 E 计算，再次 F 计算，最后 H 计算。决策逻辑控制负责功能决策树的决策逻辑符合现实世界所定义的因果关系，如图 4-7 所示，其中一种决策逻辑为 R 到 D2，到 D3，再到 A4，其中，R 表示根节点，D 表示决策节点，A 表示动作节点。

算法 4.1　功能决策树仿真执行算法

功能：构建功能决策树并扫描执行

输入：parent_node，ID=0，name=None

1. 初始化决策：构建 FDT，初始化树节点和节点间的父子关系

（1）将 parent_node 赋值给父节点

（2）定义子节点列表 self.child_nodes = []

（3）父节点不为空：将自己添加到父节点和子节点列表

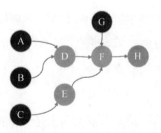

A or B or C or G ──→ D or E ──→ F ──→ H

图 4-6　数据传输处理

2. 数据传输处理：对数据节点进行排序，返回该列表

（1）初始化排序节点列表 sorted_nodes

（2）输入数据节点先加入，输出数据节点后加入

（3）返回 sorted_nodes，按顺序执行计算

3. 决策逻辑控制：扫描 FDT，根据节点类型执行相应计算

（1）如果是决策节点：

①执行相应决策，并返回下一个决策节点

②如果下一节点不为空：迭代扫描子树

（2）如果是动作节点：执行相应动作

（3）否则：报"未知类型节点"错误

输出：无

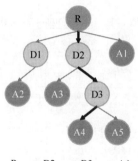

R ──→ D2 ──→ D3 ──→ A4

图 4-7　决策逻辑控制

3．代码生成机制

决策行为模型以 Python 脚本的形式存在，功能决策树元模型中各个元素都映射为相应的脚本元素。树节点为抽象节点，被态势分析节点（AnalysisNode）、决策节点（DecisionNode）和动作节点（ActionNode）所继承。

（1）态势分析节点。

输入作战态势数据，执行相应计算，对数据进行预处理，输出决策节点进行决策所需要的数据。作战态势数据主要包括三类：目标状态信息，

如目标距离、目标速度；飞机本身性能参数，如剩余燃油、剩余导弹；作战态势数据，如是否被敌方雷达锁定、导弹告警等。AnalysisNode 通过 compute（input_par，output_par）成员函数进行计算，所有子节点需要重写该函数，执行相应计算。一般不执行任何计算的态势数据也可直接输入决策节点。

（2）决策节点。

决策节点实质上是一个控制节点，包括一个输入边和多个输出边，输入态势分析节点得到的数据，并进行内部决策，在多个输出边中选择一个输出边返回下一个需要决策的节点。在整个单机空战过程中，每个需要决策的环节一般都需抽象成为一个决策节点，如作战决策、进攻、防御、航路飞行、返航、武器选择、武器发射等。DecisionNode 通过 make_decision（input_par）函数，由用户实现内部决策逻辑，输出下一个需要决策的决策节点。

（3）动作节点。

动作节点一般以叶节点的形式出现，所有动作节点应该继承自 ActionNode 类，并重写 do_action（input_par）函数，执行相关动作。例如，返航、航路飞行、发射中远距空空导弹、发射近距空空导弹、自动拦截导弹、发射箔条、发射曳光弹等。

4.3.3　空战决策行为模型

基于功能决策树的空战决策行为模型如图 4-8 所示，该模型主要分为态势分析、攻击决策、防御决策三个部分。

（1）态势分析。

态势分析部分应用分析节点，主要表示目标状态信息、飞机自身性能参数及实时作战态势等信息，最终交汇于态势决策节点（StatusDecision）。目标状态信息包括目标距离（TargetDistance）和目标速度（TargetVelocity）；飞机自身性能参数包括剩余燃油（RemainingFuel）和剩余导弹（RemainingMissiles）；实时作战态势包括是否被雷达锁定（IsLockByRadar）和是否导弹告警（MissileWarning）。

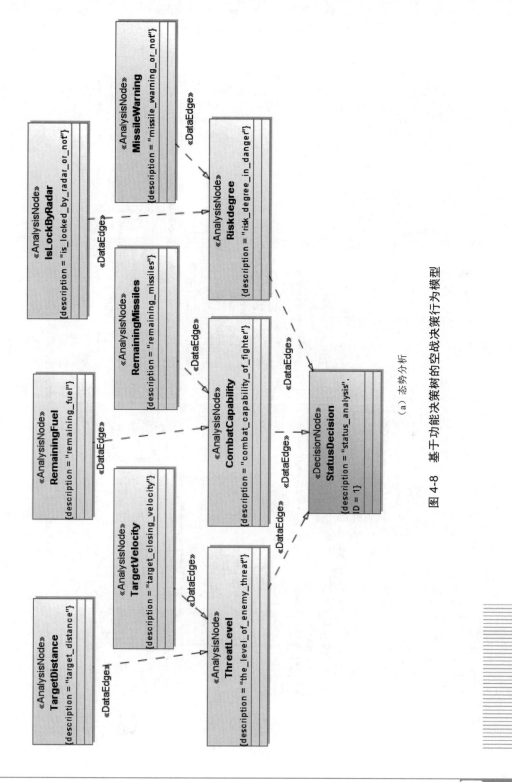

（a）态势分析

图 4-8　基于功能决策树的空战决策行为模型

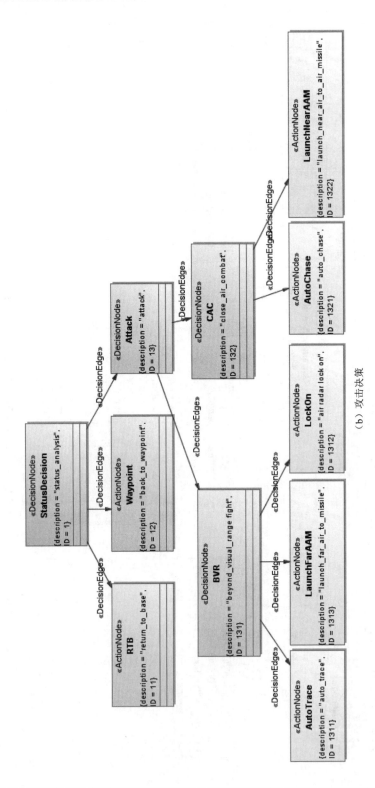

（b）攻击决策

图 4-8　基于功能决策树的空战决策行为模型（续）

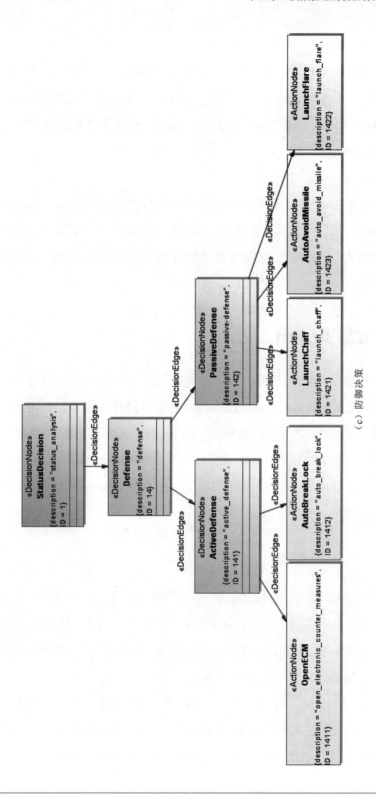

（c）防御决策

图 4-8 基于功能决策树的空战决策行为模型（续）

（2）攻击决策。

攻击决策主要包括超视距作战（BVR）和近距作战（CAC）。超视距作战包括跟踪（AutoTrace）、锁定（LockOn）和发射中远距空空导弹（LaunchFarAAM）；近距作战包括追击（AutoChase）和发射近距空空导弹（LaunchNearAAM）。

（3）防御决策。

防御决策主要包括主动防御（ActiveDefense）和被动防御（PassiveDefense）两种类型。主动防御包括摆脱锁定（AutoBreakLock）和开启电子干扰措施（OpenECM）；被动防御包括规避导弹（AutoAvoidMissile）、抛撒箔条（LaunchChaff）和发射曳光弹（LaunchFlare）。

4.4 数智 Agent

按照模数驱动架构，数智 Agent 是指基于仿真模型和实验设计融合专家经验知识，通过仿真运行生成数据样本，并采用特定智能算法训练得到策略网络，将其嵌入功能决策树行为模型，形成具有智能决策能力的智能体。下面以多目标分配策略网络为例，从深度神经网络（Deep Neural Network，DNN）结构、深度确定性策略梯度算法（Deep Deterministic Policy Gradient，DDPG）、奖励设计三个方面进行阐述。

4.4.1 DNN 结构

采用 DNN 对数智 Agent 中的目标分配策略进行拟合，输入状态空间参数包括智能体剩余燃料、智能体自身速度、相对距离、目标方位角、速度与视线夹角 5 个维度，输出动作空间参数即具体目标分配方案。深度神经网络结构包括 6 层隐藏节点，如图 4-9 所示。

对状态空间参数的设计主要考虑专家经验知识和智能体自身性能。例如，剩余燃料直接关系到智能弹头机动能力，与目标相对距离决定弹头是否有足够的能量进行机动，智能体自身速度及目标方位角影响最终突防的效能，而速度与视线夹角决定是否与目标靠近或远离。由于这些参数量纲不同，因而导致计算结果不同，尺度大的特征起决定性作用，尺度小的特征则可能被忽略。为了消除特征间单位和尺度差异的影响，对每维特征同等对待，以提高神经网络模型训练性能，训练之前必须对这些参数进行归一化预处理。具体输入状态空间参数如表 4-5 所示。

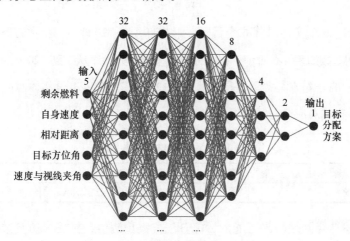

图 4-9　深度神经网络结构

表 4-5　具体输入状态空间参数

名　　称	变　量	最　小　值	最　大　值	单　　位	归　一　化
剩余燃料	RF	0	60	kg	RF/60
自身速度	vel	500	1000	m/s	(vel-500)/500
相对距离	dist	0	1500	km	dist/1500
目标方位角	phi	−180	+180	°	sin(phi)
速度与视线夹角	theta	−180	+180	°	cos(theta)

对于输出动作空间参数，如果有 m 个实体对阵 n 个目标，那么令目标分配矩阵 $X = [x_{ij}]$，$0 \leqslant i \leqslant m-1$，$0 \leqslant j \leqslant n-1$。$x_{ij}$ 取值 0 或 1，$x_{ij} = 1$ 表示第 j 个目标分配给了第 i 个实体，反之表示两者没有建立分配关系。在进行目标分配时，需要确保每个实体均有一个目标，而每个目标至少分配给一个实体，因此有 $\sum_{i=0}^{m-1} x_{ij} = 1$，$\sum_{j=0}^{n-1} x_{ij} > 0$。令 r_{ij} 为实体 i 攻击目标 j 的奖励，那么所有实体的奖励最大化即为目标分配智能优化的目标[11]，目标分配模型公式如下所示。

$$\max \sum_{i=0}^{m-1} \sum_{j=0}^{n-1} r_{ij} \cdot x_{ij}$$

$$\text{s.t.} \begin{cases} \sum_{i=0}^{m-1} x_{ij} = 1 \\ \sum_{j=0}^{n-1} x_{ij} \geq 1 \\ x_{ij} \in \{0,1\} \end{cases} \quad (4.1)$$

例如，6 个实体对阵 6 个目标，则共有 $A_6^6 = 720$ 种目标分配方案，输出动作空间参数如表 4-6 所示。将每种方案按全排列顺序从 1 到 720 进行编号，编号为 1 的分配方案实际上是字符串"123456"，表示 1 号实体对应 1 号目标，2 号实体对应 2 号目标，依次类推。

表 4-6 输出动作空间参数

名　　称	变　量	最　小　值	最　大　值	单　位	命令解析
目标分配方案	s	1	720	N/A	全排列组合

上述神经网络输出可能的目标分配方案预测值，标签为仿真数据样本实际值，监督信号为预测方案和实际方案概率分布的交叉熵，它与二分类交叉熵不同。在二分类交叉熵中，损失函数计算公式如下所示。

$$L = -\frac{1}{N} \sum_{i=1}^{N} [y_i \log(p_i) + (1-y_i)\log(1-p_i)] \quad (4.2)$$

式中，N 是样本数；y_i 是第 i 个样本的所属类别；p_i 是第 i 个样本的预测值，一般为网络输出经过 Sigmoid 映射后的结果。

多分类交叉熵的计算流程实质上是经过 Softmax 函数、独热编码[12]等的处理，来构建多分类 Loss 函数，如图 4-10 所示。

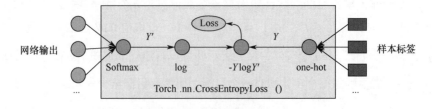

图 4-10 多分类交叉熵的计算流程

在多分类交叉熵中，损失函数计算公式如下所示。

$$L = -\frac{1}{N}\sum_{i=1}^{N}\sum_{c=1}^{K} y_{ic}\log(p_{ic}) \qquad (4.3)$$

式中，N 是样本数；K 是类别数；p_{ic} 是第 i 个样本属于类别 c 的概率，且 $\sum_{c=1}^{K} p_{ic}=1$，$i=1,2,\cdots,N$，p_{ic} 是网络输出经过 Softmax 映射的结果；y_{ic} 是实际样本经过 one-hot 编码的结果，若第 i 个样本属于类别 c，则对应位置的 y_{ic} 取 1，否则取 0。

4.4.2　DDPG

基于 DDPG 的多目标分配网络模型如图 4-11 所示。DDPG 的主要网络结构包括 4 个网络，分别为 Actor 和 Critic 网络，以及各自所对应更新的目标网络。Actor 网络的输入是状态，输出是动作。Critic 网络的输入是状态和动作，输出是相应的 Q 值。Actor 网络的目的是根据状态 s_t，输出使得 $Q(s_t,a_t)$ 最大的动作 a_t，这个 a_t 使 $Q(s_t,a_t)$ 越大，说明网络训练得越好。Critic 网络的目的是根据状态动作对 (s_t,a_t)，输出其 $Q(s_t,a_t)$，这个 Q 值越精确，说明网络训练得越好。Actor 网络和 Target Actor 网络的区别在于 Actor 网络每步都会在经验池中更新，而 Target Actor 网络是隔一段时间将 Actor 网络的参数软复制到 Target Actor 网络中，这种"滞后"更新是为了保证在训练 Actor 网络时的稳定性。

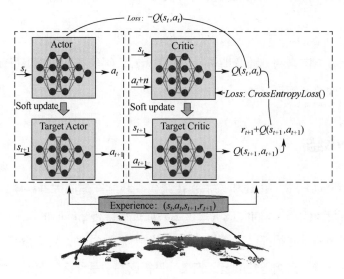

图 4-11　基于 DDPG 的多目标分配网络模型

4.4.3 奖励设计

奖励设计的原则是要综合考虑某一状态下智能体采取动作所带来的即时收益，以及一系列动作对最终作战效果的影响。通常情况下，长期收益更为重要，即决策动作对整个回合结束后的作战效能的影响更为关键。在多目标分配问题中，优化目标是确保所有实体对所有目标的总体效能最大化。

总奖励分为阶段奖励和任务奖励两部分，分别用 R_p 和 R_m 表示，计算公式分别为式（4.4）和式（4.5）。

$$R_p = \begin{cases} r_{\text{energy}} + r_{\text{stage}} + k_n \cdot \dfrac{r_{\text{iKillRadius}}}{d_{\text{iMissDist}}}, & p = 1 \\ -50, & p = 0 \end{cases} \tag{4.4}$$

式中，$p = 1$ 表示阶段突防成功；$p = 0$ 表示给予 -50 惩罚；$r_{\text{energy}} = k_m \cdot (m_{\max} - m) / m_{\max}$ 表示燃料消耗奖励，其中 k_m 表示燃料消耗系数，$m_{\max}$ 表示最大燃料量，m 表示当前剩余燃料；r_{stage} 表示成功突防次数；k_n 表示脱靶系数；$r_{\text{iKillRadius}}$ 表示杀伤半径；$d_{\text{iMissDist}}$ 表示脱靶距离。

$$R_m = \begin{cases} 5 + 5 \cdot \dfrac{r_{\text{wKillRadius}}}{d_{\text{wMissDist}}}, & m = 0 \\ 40 + 10 \cdot k_{\text{imp}}\left(1 - \dfrac{d_{\text{wMissDist}}}{r_{\text{wKillRadius}}}\right), & m = 1 \end{cases} \tag{4.5}$$

式中，$r_{\text{wKillRadius}}$ 表示弹头杀伤半径，$d_{\text{wMissDist}}$ 表示弹头脱靶距离。为了增大目标分配方案的影响，还增加了一个系数 k_{imp}，其表示不同城市目标的重要度系数，取值区间为 $[0, 1]$。

4.5 小结

模数驱动的数字化建模方法是传统仿真科学在适应数据科学蓬勃发展背景下的进一步拓展，同时仿真建模也会促进数据科学的向前发展。一方面，数据建模为仿真建模提供了新的研究方法和途径：首先，数据建模绕开对领域知识的学习，直接得到问题的答案，只需回答"是什么"而不必知道"为什么"[13]；其次，对于某些系统机理异常复杂的情况，传统仿真科学难以建立仿真模型或建立的模型过于粗糙，因此需要辅以数据分析；最后，基于数据搜索或统计可大大提高传统大样本仿真实验的仿真运行效率。另一方面，大数据将成为仿真建模的重要研究对象：首先，武器装备作战系统的很多实验数据并不公开，利用仿真建模的方法可以生成数据建模所需的数据样本；其次，仿真模型不仅可以对数据进行筛选与预处理，而且可以对数据模型进行验证和优化。

　　模数驱动的数字化建模方法由于兼具模型驱动和数据驱动的优势，能够有效应对装备体系仿真建模在大数据和人工智能背景下所面临的诸多挑战。对于模型和数据如何双轮驱动的内在机理，本章提出了智能装备体系仿真的模数驱动架构，重点在传统装备体系仿真建模实践中揭示如何运用仿真数据训练数智 Agent 模型，并将其有效嵌入功能决策树行为模型，开发智能化建模框架，形成仿真建模和数据建模的有效闭环。

参考文献

[1] ZHU Z, LEI Y L, ZHU Y F. Model driven combat effectiveness simulation systems engineering[J]. Defence Science Journal, 2020, 70(1): 54–59.

[2] BOYD J R. A discourse on winning and losing[R]. Maxwell AFB, AL: Air University Press, 1987.

[3] 周光霞, 周方. 美军人工智能空战系统阿尔法初探[C]//第六届中国指挥控制大会论文集（上册）, 2018: 66–70.

[4] 金欣. "深绿"及 AlphaGo 对指挥与控制智能化的启示[J]. 指挥与控制学报, 2016, 2(3): 202–207.

[5] ERNEST N, CARROLL D, SCHUMACHER C, et al. Genetic Fuzzy Based Artificial Intelligence for Unmanned Combat Aerial Vehicle Controlin Simulated Air Combat Missions[J]. Journal of Defense Management, 2016, 6(1): 1–7.

[6] ERNEST N, COHEN K, KIVELEVITCH E, et al. Genetic Fuzzy Trees and Their Application Towards Autonomous Training and Control of a Squadron of Unmanned Combat Aerial Vehicles[J]. Unmanned Systems, 2015, 3(3): 185–204.

[7] ZADEH L.A. Fuzzy sets[J]. Information and Control, 1965, 8(3): 338–353.

[8] ZADEH L.A. Fuzzy Sets as a Basis for a Theory of Possibility[J]. Fuzzy Sets and Systems, 1999, 100: 9–34.

[9] 王炫，王维嘉，宋科璞，等. 基于进化式专家系统树的无人机空战决策技术[J]. 兵工自动化, 2019, 38(1): 42–47.

[10] SATHYAN A, COHEN K, MA O. Comparison Between Genetic Fuzzy Methodology and Q-Learning for Collaborative Control Design[J]. International Journal of Artificial Intelligence and Applications, 2019, 10(2): 1–15.

[11] ZHANG J D, YANG Q M, SHI G Q, et al. UAV cooperative air combat maneuver decision based on multi-agent reinforcement learning[J]. Journal of Systems Engineering and Electronics, 2021, 32(6): 1421–1438.

[12] COHEN J, COHEN P, WEST S G, et al. Applied multiple regression/correlation analysis for the behavioral sciences[M]. London: Routledge, 2013.

[13] 胡晓峰. 大数据时代对建模仿真的挑战与思考[J]. 军事运筹与系统工程, 2013, 27(4): 5–12.

第5章

动态数据融合的数据同化技术

数据同化（Data Assimilation，DA）作为一种动态融合观测数据和系统模型的模式混合驱动方法，广泛用于解决连续系统的状态预测和参数推断问题。由于传统基于线性和高斯假设的卡尔曼滤波不能有效应对离散事件系统的非线性、非高斯性，因此粒子滤波逐渐成为离散事件仿真数据同化的技术途径。本章基于粒子滤波的离散事件仿真数据同化方法，通过设计通用的层次化离散事件仿真数据同化框架，实现了基于粒子滤波的离散事件仿真数据同化算法，并以无人机维修服务系统为例进行验证和开展仿真实验，实验结果得出同化过后的状态数据更加接近系统真实状态，验证了所提出方法的有效性，从而为其他离散事件、Agent 仿真等复杂非线性系统的数据同化提供参考框架。

5.1 数据同化

数据同化是一种融合观测数据和系统模型以不断逼近真实系统状态的方法，是模型和数据混合驱动的典型智能决策建模方法[1-2]。该方法通过建立系统模型以近似表示物理规则，在系统模型运行过程中动态融合新的观测数据，来减少系统模型中的不确定性，并获得比单独使用系统模型或观测数据更准确的预测。数据同化可以有效解决连续系统数据模型中的状态估计和参数推断问题，已广泛应用于航空航天[3]、全球定位导航[4]、无人驾驶[5]、计算机视觉[6]，以及气象、地质等诸多领域[7]。

数据同化一般包括变分数据同化和顺序数据同化两种类型[8]，变分数据同化主要是利用变分思想将数据同化问题转化为求极值问题，顺序数据同化即数据滤波算法，如卡尔曼滤波[9-10]、扩展卡尔曼滤波[11-12]、无迹卡尔曼滤波[13]、集合卡尔曼滤波[14-15]、粒子滤波[16]等。数据滤波的理论基础是贝叶斯滤波，但在贝叶斯滤波过程中需要对先验概率、期望等进行无穷积分，且无法进行解析求解。针对此问题，当前主要有两种方式予以解决：一种是对预测方程和观测方程做线性假设；另一种是直接对无穷积分进行数值积分近似求解。第一种方式主要包括卡尔曼滤波及其变体，卡尔曼滤波基于线性和高斯假设，即预测方程和观测方程必须是线性的，且系统噪声和观测噪声服从高斯分布。该方式只适用于线性系统。对于非线性系统滤波问题，在卡尔曼滤波的基础上，扩展卡尔曼滤波将非线性系统一阶线性化；无迹卡尔曼滤波利用统计线性化技术使非线性系统适用于卡尔曼滤波假设；集合卡尔曼滤波用一组集合成员来模拟系统状态，并将集合成员的均值作为系统状态的估计值。第二种方式主要包括高斯积分、蒙特卡罗积分、直方图滤波，其中，蒙特卡罗积分即粒子滤波算法，采用贝叶斯估计和蒙特卡罗抽样方法，不需要做线性和高斯分布假设，其已逐渐应用于离散事件[17-18]、离散时间[19]、Agent仿真[20]等复杂非线性系统的数据同化问题。

　　本章将粒子滤波应用于离散事件仿真，提出一种基于粒子滤波的离散事件仿真数据同化方法，主要包括两点内容：一是基于粒子滤波算法设计了通用的离散事件仿真数据同化框架，该框架独立于具体的建模形式体系，可用于一般意义上的离散事件仿真；二是以无人机维修服务系统为例，运用上述框架开展数据同化过程并进行仿真实验分析，可为其他离散时间、Agent 仿真等复杂非线性系统的数据同化过程提供重要参考。

5.2　离散事件系统仿真

　　在离散事件仿真系统中，系统状态变量仅在离散的时间点发生改变，仿真模型使用数值方法而非解析方法进行分析和求解。离散事件仿真系统通常是典型的非线性系统。下面以无人机维修服务系统为例，介绍其仿真模型的设计、执行与验证过程，为下一步的数据同化奠定基础。

5.2.1　无人机维修服务系统

无人机维修服务系统可简化为典型的离散事件仿真系统——M/M/1 排队系统[21]，即一个具有无限队列长度和无限破损无人机源的单服务台排队系统。无人机维修服务系统图例如图 5-1 所示。一般地，设无人机到达过程是一个泊松过程，事件发生率均值为 α，记 $X_1 \sim \pi(\alpha)$，维修服务时间服从参数为 λ 的指数分布，记 $X_2 \sim E(\lambda)$，系统采用先进先出服务规则。

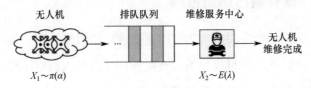

图 5-1　无人机维修服务系统图例

对该系统进行抽象，得到其离散事件仿真模型框架，该框架主要包括系统输入、输出、状态、事件、事件例程等建模要素。无人机维修服务系统的输入为到达维修服务中心的需要维修的无人机实体，输出为完成维修后离开系统的无人机；整个系统的状态抽象为排队队列长度和维修服务中心状态；事件分为无人机到达事件和无人机离开事件，这两类事件在发生时都会导致系统模型状态的变化，并会根据不同条件产生后续新的事件。无人机到达和离开维修服务中心事件例程如图 5-2 所示。

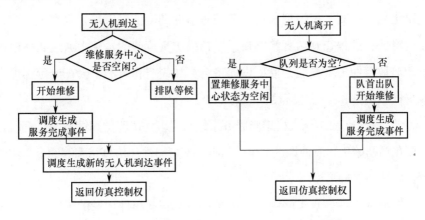

图 5-2　无人机到达和离开维修服务中心事件例程

当发生无人机到达事件时，首先判断维修服务中心是否空闲。如果维修服务中心空闲，则该无人机开始进行维修服务并生成服务完成事件；反之，无人机进入队列排队等候，同时调度生成新的无人机到达事件。当发生无人机维修服务完成事件时，首先判断队列是否为空。若队列为空，则置维修服务中心状态为空闲；反之，队首的无人机出队，开始维修服务，并为出队的无人机生成服务完成事件。

5.2.2　事件调度仿真策略

仿真模型的执行主要随着仿真时间的推进使仿真模型的各要素协调一致地进行，从而确保仿真模型的状态更新和事件发生的顺序符合实际系统中定义的因果关系。因果关系的保持一般包括两个方面：一是发生时间早的事件必须在发生时间晚的事件之前执行；二是在事件发生或状态更新时间相同的条件下，对其他模型有影响的模型组件必须在被影响组件之前得到执行。

在离散事件仿真系统中，为确保仿真模型执行逻辑的正确性，主要采用事件调度、三段扫描和进程交互三种仿真策略[22]。事件调度仿真策略采用可变时间推进步幅，一般具有较高的执行效率，但模块化程度不高，适用于事件逻辑较简单的应用问题；三段扫描仿真策略将条件事件独立出来，区分主事件例程和条件事件例程，并分别对其采用调度执行和扫描执行，模块化程度较高，但模型执行效率相对事件调度仿真策略来说有了一定程度的降低；进程交互仿真策略在三段扫描仿真策略的基础上通过实体进程表示离散事件仿真模型，模型设计将会更加简洁和自然，会在一定程度上减少模型维护和使用的难度。

鉴于此，M/M/1 无人机维修服务系统采用事件调度仿真策略。具体而言，主要包括初始化、时钟推进、事件执行、调度事件和仿真结束等 5 个基本步骤，如算法 5.1 所示。

在离散事件仿真策略中，需要维护一个管理事件记录的未来事件列表（Future Event List，FEL）。事件记录是对事件的计算机表示，其中包含执行该事件所需的信息，如事件类型、事件发生时间、与该事件关联的实体编号等。在仿真初始化后，每次都将仿真时钟推进至下一个最早事件发生时间，即 FEL 的首个事件发生时间。仿真结束条件一般会根据特定时间段或给定实体个数的系统状态变化情况而定。

算法 5.1　事件调度仿真策略

1	初始化：初始化仿真时钟、FEL、状态变量
2	**while**（仿真未结束）
3	时钟推进：推进仿真时钟至 FEL 中首个事件时间戳
4	事件执行：根据事件类型执行相应事件例程
5	调度事件：事件例程执行过程中可能调度生成新的事件
6	**end while**
7	仿真结束：更新统计量

5.2.3　仿真模型运行分析

根据上述无人机维修服务系统模型采用的事件调度仿真策略，设置无人机平均到达率 $\alpha = 2.5$，维修服务中心平均维修时间 $\lambda = 2$，初始化仿真时钟 $CLOCK = 0$，生成首个无人机到达事件，以及维修服务中心初始状态空闲，截取前 5 架无人机维修服务运行过程，系统输出结果如表 5-1 所示。

表 5-1　系统输出结果

编号	到达时刻	服务时间	开始时刻	等待时长	结束时刻	空闲时间	队列长度
1	0.32	0.46	0.32	0	0.78	0.32	0
2	0.82	0.28	0.82	0	1.1	0.04	0
3	1.13	0.29	1.13	0	1.42	0.03	0
4	1.55	1.66	1.55	0	3.21	0.13	0
5	2.44	0.38	3.21	0.77	3.59	0	1

不难看出，通过逐步推进仿真时钟，系统状态随时间演化过程符合现实逻辑，从而验证了仿真模型的正确性。例如，当无人机 1 在第 0.32 时刻到达且服务时间为 0.46 时，由于维修服务中心初始状态为空闲，因此其立即开始维修无人机 1，开始时刻即到达时刻 0.32，无须等待，其结束时刻

为 0.78，维修服务中心空闲时间为 0.32，此时队列长度为 0。直到第 2.44 时刻，无人机 5 到达，但由于前方无人机 4 正在维修，因此无人机 5 需进入队列排队等候，其维修开始时刻即无人机 4 维修结束时刻 3.21，等待时长为 0.77，服务时间为 0.38。显然，无人机 5 维修结束时刻为 3.59，此时队列长度为 1。

以上数据分析针对的是一次仿真输出结果，仅代表一次实验，因此需要增加样本个数或实验次数，并利用这些模型输出值计算系统性能指标。例如，考察无人机维修服务系统中无人机平均到达率对繁忙率和排队的影响情况，通过设置不同的无人机平均到达率，每次实验关注 24 小时无人机的平均排队时间及系统繁忙率。无人机平均到达率的影响分析如图 5-3 所示。其中，平均排队时间等于一天中的总等待时长除以进入系统的总无人机架次，系统繁忙率等于 1 减去总空闲时间除以仿真时长。随着平均到达率的增加，无人机平均排队时间总体呈增长趋势，系统繁忙率也逐渐增加。当平均到达率接近 3 时，系统繁忙率趋近于 1，基本没有空闲时间。

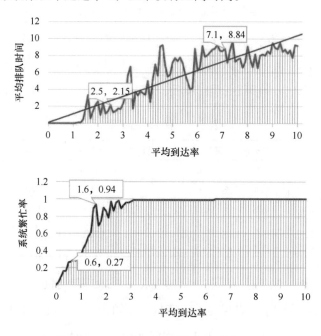

图 5-3　无人机平均到达率的影响分析

5.3　离散事件仿真数据同化

仿真模型校验完成后可采集得到系统状态数据。基于粒子滤波算法进一步分析和优化仿真模型中的非线性关系，可以得到更接近系统真实状态的预测数据。下面首先梳理粒子滤波算法的基本原理，其次设计离散事件仿真数据同化框架，最后给出基于粒子滤波的离散事件仿真数据同化过程。

5.3.1　粒子滤波

将仿真过程中的状态变量抽象为随时间变化的一系列相互依赖的随机变量集合 $X = \{X_t : t \in T\}$，即随机过程[23-24]。在随机过程中，随机变量 $X_1, X_2, \cdots, X_n$ 不独立，可表示为

$$X_k = f(X_{k-1}) + Q_k \tag{5.1}$$

其中 $k = 1, 2, \cdots, n$，Q_k 表示模型噪声，式（5.1）也被称为状态方程，一般在实际应用中是未知的。

为了取得相对客观的预测结果，需要引入外部观测随机变量 $Y_1, Y_2, \cdots, Y_n$，则观测过程可表示为

$$Y_k = h(X_{k-1}) + R_k \tag{5.2}$$

其中 $k = 1, 2, \cdots, n$，R_k 表示观测噪声，如测量误差。

基于随机过程的仿真数据同化过程实际上是通过外部观测，将主观概率（先验）转化为相对客观的概率（后验）的过程，贝叶斯滤波就是此转化过程的基础。

1. 贝叶斯滤波

在贝叶斯滤波中，状态方程和观测方程可表示为

$$\begin{cases} X_k = f(X_{k-1}) + Q_k \\ Y_k = h(X_k) + R_k \end{cases} \tag{5.3}$$

式中，X_0，$Q_1, \cdots, Q_k$，$R_1, \cdots, R_k$ 相互独立，$Q_k \sim f_{Q_k}(x)$，且 $R_k \sim f_{R_k}(x)$。

如果有一组观测数据 $y_1, y_2, \cdots, y_k$，设置 $X_0 \sim f_0(x)$，那么贝叶斯滤波算法主要包括两步：第一步是预测步，基于状态方程，通过上一时刻的后验计

算当前时刻的先验；第二步是更新步，基于观测方程，通过上一时刻的先验计算当前时刻的后验，该后验概率又可以作为下一步的先验，进入迭代：

$$\begin{cases} f_k^-(x) = \int_{-\infty}^{+\infty} f_{Q_k}[x - f(v)]f_{k-1}^+(v)\mathrm{d}v \\ f_k^+(x) = \eta_k f_{R_k}[y_k - h(x)]f_k^-(x) \end{cases} \quad (5.4)$$

式中，$\eta_k = (\int_{-\infty}^{+\infty} f_{R_k}[y_k - h()]f_k^-(x)\mathrm{d}x)^{-1}$，最后的预测值为 $\hat{x}_k = \int_{-\infty}^{+\infty} x f_k^+(x)\mathrm{d}x$。

可以看出，$f_k^-(x)$，η_k 和 $\hat{x}_k$ 需要求解无穷积分，无法进行解析求解。因此，贝叶斯滤波根据对无穷积分的求解方法，一是进行假设，采用傅里叶变换和卷积进行求解，贝叶斯滤波演变为卡尔曼滤波；二是直接对无穷积分进行数值积分，贝叶斯滤波演变为粒子滤波。

2．卡尔曼滤波

如果 f 和 h 是线性的，且 $Q_k \sim N(0, Q)$，$R_k \sim N(0, R)$，即可以定义两个常量 F 和 H，则贝叶斯滤波可转换为

$$\begin{cases} X_k = FX_{k-1} + Q_k \\ Y_k = HX_k + R_k \end{cases} \quad (5.5)$$

式中，X_0，$Q_1, \cdots, Q_k$，$R_1, \cdots, R_k$ 相互独立，设 $X_0 \sim f_0(x)$，卡尔曼滤波与贝叶斯滤波一样可分为两个步骤：

$$\begin{cases} \mu_k^- = F\mu_{k-1}^+, \quad \sigma_k^- = F^2\sigma_{k-1}^+ + Q \\ \mu_k^+ = \mu_k^- + k(y_k - H\mu_k^-), \quad \sigma_k^+ = (1 - kH)\sigma_k^- \end{cases} \quad (5.6)$$

式中，$k = H\sigma_k^- / (H^2\sigma_k^- + R) = H / (H^2 + R / \sigma_k^-)$，被称为卡尔曼增益。如果 f 和 h 是非线性的，$Q_k \sim N(0, Q)$，$R_k \sim N(0, R)$，那么卡尔曼滤波还包括扩展卡尔曼滤波和无迹卡尔曼滤波。

3．粒子滤波

与卡尔曼滤波进行假设不同，粒子滤波直接通过数值积分近似求解无穷积分。在粒子滤波中，设 $X_0 \sim f_0(x)$，初始权重 $\omega_0^{(i)} = 1/n$，粒子滤波的两个主要步骤如下：

$$\begin{cases} X_k^{(i)} = f(X_{k-1}^i) + v_k, \quad v_k \sim N(0, Q) \\ \omega_k^{(i)} = f_R[y_k - h(X_k^{(i)})]\omega_{k-1}^i, \quad \omega_k^{(i)} = \dfrac{\omega_k^i}{\sum_i \omega_k^i} \end{cases} \quad (5.7)$$

在粒子滤波中，因为 f_R 为 $e^{-\alpha x^2}$ 型负指数函数，所以 $f_R[y_k - h(x_1)]$ 有可能是 $f_R[y_k - h(x_2)]$ 的许多倍，权重归一化后只有少数粒子具有较高权重，而多数粒子具有较低权重，从而导致下一步权重更新失效问题。为避免粒子退化，还需要对粒子进行重采样，即根据权重大小对粒子进行随机数分配，确保具有较高权重的粒子有更大的概率成为下一代粒子，舍弃具有较小权重的粒子。粒子滤波基本算法主要包括的基本步骤如算法 5.2 所示，其中，n 表示粒子个数，k 表示迭代次数，i 表示粒子序号。

算法 5.2 粒子滤波基本算法主要包括的基本步骤

1	初始化：给定初值 $X_0 \sim N(\mu,\sigma^2)$，生成 $X_0^{(i)}$，令 $\omega_0^{(i)} = 1/n$
2	**for**（迭代未结束）
3	预测步：生成 $X_k^{(i)} = f(X_{k-1}^{(i)}) + v$，$v \sim N(0,Q)$
4	更新步：设观测值为 y_k，生成 $\omega_k^{(i)} = f_R[y_k - h(X_k^i)]\omega_{k-1}^{(i)}$
5	重采样：将 $\omega_k^{(i)}$ 归一化，$\omega_k^i = \omega_k^{(i)} / \sum_i \omega_k^{(i)}$，随机数分配
6	**end for**
7	迭代结束：计算统计量

随机数分配算法根据发生概率对随机变量的不同取值进行随机采样，其主要思想是先生成随机变量累积分布，再随机生成一个在[0,1]区间均匀分布的随机数 r，该随机数落在累积分布的哪个区间就取哪个值，随机数分配示意图如图 5-4 所示。例如，若所生成的随机数 r 满足 $p_1 \leqslant r < p_1 + p_2$，则 x_2 即为满足 $\{x_1 : p_1, x_2 : p_2, \cdots, x_n : p_n\}$ 经验分布的随机采样，其中，$p_1 + p_2 +, \cdots, + p_n = 1$。

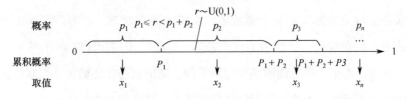

图 5-4 随机数分配示意图

5.3.2 数据同化框架

基于粒子滤波进行离散事件仿真数据同化是一个相对复杂的过程。为了有效解耦粒子滤波算法和离散事件仿真模型，需要运用层次化、模块化思想设计良好的离散事件仿真数据同化框架，以便快速适用于不同的离散事件仿真应用[25-26]。基于粒子滤波的离散事件仿真数据同化框架如图 5-5 所示。该框架主要包括模型数据层、数据同化层和仿真控制层 3 个层次，每个层次都包含相对独立的模块。为了确定数据同化时间，即粒子滤波算法中的迭代次数，需要考虑观测数据的采集频率，例如，每隔 10 分钟传感器收集一次数据并进行一次数据同化。

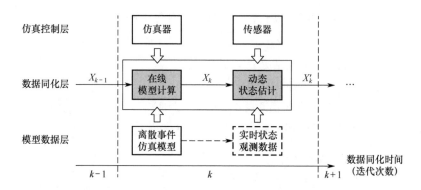

图 5-5　基于粒子滤波的离散事件仿真数据同化框架

1. 模型数据层

模型数据层包括离散事件仿真模型和实时状态观测数据两个模块。在此层，需要重点考虑两个方面。首先，离散事件仿真模型不仅需要考虑模型本身，还需要扩展以提供数据同化层所需的相关状态数据获取接口。系统状态变量应能够反映整个离散事件系统的所有状态，因为系统状态变量的分布直接影响粒子滤波中的粒子采样，并进一步应用于观测方程。

其次，对于大多数离散事件仿真系统，实时状态观测数据难以获取，真实状态也不可知，无法对数据同化后的状态与真实状态进行比较分析，从而无法评估数据同化的效果。因此，实时状态观测数据通常基于离散事件仿真模型来获取。实际上，将离散事件仿真系统视为真实世界系统，一方面可以更好地控制数据同化过程并进行实验，另一方面也可以有效应对数据采集代价高昂、实验具有高度危险性或未来系统的数据同化论证等问题。

2．数据同化层

数据同化层主要基于粒子滤波算法进行在线模型计算和动态状态估计，分别对应贝叶斯滤波中的预测步状态方程和更新步观测方程。首先将前一次迭代的状态 X_{k-1} 通过离散事件仿真模型（状态方程）向前推进计算出当前迭代的状态 X_k，再结合实时状态观测数据和观测方程，将当前迭代的状态 X_k 转化为相对客观的状态 X'_k。

在粒子滤波中，要注意更新步更新的是权重，估计状态 $X'_k = \sum_{i}^{n} \omega_k^{(i)} X_k^{(i)}$，其中，$i$ 为粒子序号，n 为粒子个数。如果有多个传感器，那么观测值为向量 $\boldsymbol{y}_k = (y_k^{(1)}, y_k^{(2)}, \cdots, y_k^{(s)})^{\mathrm{T}}$，其中，$k$ 为数据同化时间，s 为传感器个数，$y_k^{(j)}$ 表示第 k 次迭代、第 j 个传感器的观测值，权重根据如下公式进行计算：

$$\begin{cases} \boldsymbol{\omega}_k^{(i)} = f_{\Sigma}[\boldsymbol{y}_k - h(\boldsymbol{x}_k^i)]\boldsymbol{\omega}_{k-1}^{(i)} \\ f_{\Sigma}[\boldsymbol{y}_k - h(\boldsymbol{x}_k^i)] = (2\pi)^{-\frac{s}{2}} |\boldsymbol{\Sigma}|^{-\frac{1}{2}} \exp\left\{-\frac{1}{2}[\boldsymbol{y}_k - h(\boldsymbol{x}_k^i)]^{\mathrm{T}} \boldsymbol{\Sigma}^{-1}[\boldsymbol{y}_k - h(\boldsymbol{x}_k^i)]\right\} \end{cases} \quad (5.8)$$

式中，权重 $\boldsymbol{\omega}$，状态值 $\boldsymbol{x}$，观测值 $\boldsymbol{y}$ 皆为向量，$\boldsymbol{\Sigma}$ 为所有传感器误差的协方差矩阵，一般情况下，各传感器相互独立，$\boldsymbol{\Sigma}$ 为对角矩阵。

3．仿真控制层

仿真控制层包括仿真器和传感器，传感器用于采集实时状态观测数据，具有一定的观测误差，观测值取决于传感器自身的探测精度、范围及部署位置等，而观测误差一般用高斯分布进行模拟。仿真控制策略如图 5-6 所示。仿真器通过控制器（IController）接口，主要用于在线模型计算过程中离散事件仿真模型的初始化（init()）、时间推进（stepSimulation(duration)）和状态获取（getState()）等，相关接口函数由离散事件仿真系统（DES_System）进行实现，如图 5-6（a）所示。另外，运用事件调度仿真策略（算法 5.1）推进的离散事件仿真模型，其系统状态只在事件发生时刻发生改变，采用的是不等步长时间推进机制，只有将其转化为数据同化的等步长时间推进机制，才能准确地进行系统状态更新，如图 5-6（b）所示。例如，离散事件仿真模型包含 3 个组件 C1、C2 和 C3，采用事件调度仿真策略按照各事件时间戳从小到大的执行顺序应该为 $\{ e_{C1}^1, e_{C3}^1, e_{C2}^1, e_{C3}^2, e_{C1}^2, e_{C1}^3, e_{C2}^2, \cdots \}$，系统状态更新只发生在事件发生时刻。

数据同化时间可能在任意时刻（t_1 和 t_2）发生，需要在这些时刻暂停仿真以进行系统状态更新并采集状态数据。在更新系统状态时，对于连续型状态变量，其值根据上一次更新值与截至当前时刻所消耗的时间进行计算；而对于离散型状态变量，其值等于上一次更新值，所消耗的时间仅作为状态更新时刻进行记录。

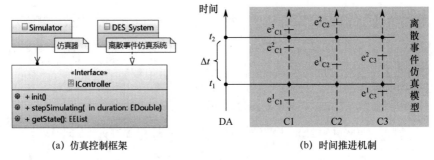

(a) 仿真控制框架　　　　　　　　　(b) 时间推进机制

图 5-6　仿真控制策略

5.3.3　数据同化过程

通过对上述框架进行采样，我们进一步细化了算法 5.2，得到了基于粒子滤波的离散事件仿真数据同化算法，如算法 5.3 所示。该算法主要包括 3 个阶段：

- 阶段 A：负责离散事件仿真模型的运行，采集实时观测数据，并记录"真实"数据，以便进行数据同化前后的比较分析。

- 阶段 B：即粒子滤波算法，在第 6 步利用离散事件仿真模型（状态方程）运行一个数据同化步长来生成新的粒子。

- 阶段 C：采用均方根误差来评估数据同化前后的状态估计效果，公式如下所示。

$$\text{RMSE} = \text{sqrt}\left[\frac{\sum_{k=1}^{K}(x_k' - x_k^{\text{true}})^2}{K}\right] \qquad (5.9)$$

式中，k 是迭代次数，K 是总迭代次数，x'_k 是数据同化后所有粒子的平均状态估计量，x_k^{true} 是"真实"状态记录值。

算法 5.3 基于粒子滤波的离散事件仿真数据同化算法

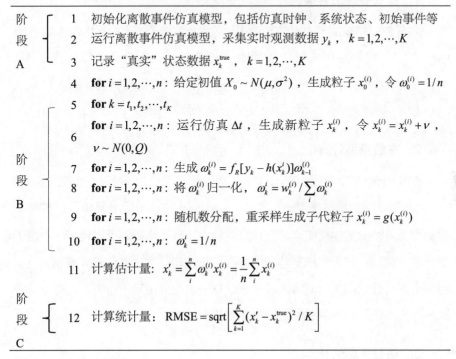

阶段 A	1	初始化离散事件仿真模型，包括仿真时钟、系统状态、初始事件等
	2	运行离散事件仿真模型，采集实时观测数据 y_k，$k = 1, 2, \cdots, K$
	3	记录"真实"状态数据 x_k^{true}，$k = 1, 2, \cdots, K$
	4	**for** $i = 1, 2, \cdots, n$：给定初值 $X_0 \sim N(\mu, \sigma^2)$，生成粒子 $x_0^{(i)}$，令 $\omega_0^{(i)} = 1/n$
阶段 B	5	**for** $k = t_1, t_2, \cdots, t_K$
	6	**for** $i = 1, 2, \cdots, n$：运行仿真 Δt，生成新粒子 $x_k^{(i)}$，令 $x_k^{(i)} = x_k^{(i)} + \nu$，$\nu \sim N(0, Q)$
	7	**for** $i = 1, 2, \cdots, n$：生成 $\omega_k^{(i)} = f_R[y_k - h(x_k^i)]\omega_{k-1}^{(i)}$
	8	**for** $i = 1, 2, \cdots, n$：将 $\omega_k^{(i)}$ 归一化，$\omega_k^i = w_k^{(i)}/\sum_i \omega_k^{(i)}$
	9	**for** $i = 1, 2, \cdots, n$：随机数分配，重采样生成子代粒子 $x_k^{(i)} = g(x_k^{(i)})$
	10	**for** $i = 1, 2, \cdots, n$：$\omega_k^i = 1/n$
	11	计算估计量：$x'_k = \sum_i^n \omega_k^{(i)} x_k^{(i)} = \dfrac{1}{n}\sum_i^n x_k^{(i)}$
阶段 C	12	计算统计量：$\mathrm{RMSE} = \mathrm{sqrt}\left[\sum_{k=1}^K (x'_k - x_k^{\text{true}})^2 / K\right]$

算法 5.2 和算法 5.3 的主要区别在于阶段 A，在实际应用中，如果真实系统存在且观测数据可用，则只需将观测数据替换阶段 A 即可，其余步骤与通用的粒子滤波算法（算法 5.2）基本一致。

5.4 仿真实现与实验分析

以无人机维修服务系统为例，借助上述离散事件仿真数据同化方法，在离散事件仿真模型中同化传感器实时探测数据，以估计系统的真实状态。利用估计的状态运行仿真模型，可预测和分析系统未来的动态行为。

5.4.1 同化参数设置

根据图 5-5 所示的基于粒子滤波的离散事件仿真数据同化框架，在具体的实现过程中，需要着重对离散事件仿真模型、数据同化层中的在线模型计算和动态状态估计这三个模块进行相关数据同化参数的设置。

1. 离散事件仿真模型

同表 5-1，在离散事件仿真模型中设置发生故障的无人机平均到达率为 2.5（$\alpha = 2.5$），维修服务中心平均维修时间为 1/2（$\lambda = 2$）。状态变量 x_k 主要有队列长度及维修服务中心的忙闲状态，由于忙闲状态可以由队列长度确定，如队列不为空，则应为繁忙状态，因此 x_k 由队列长度唯一确定，记为 $x_k = q_k$。

2. 在线模型计算

在算法 5.3 中，基于状态变量 x_{k-1}^i 运行仿真模型 Δt 步长，生成新的粒子 $x_k^{(i)}$ 后，需要增加模型噪声 v，其中 $v \sim N(0,Q)$，Q 设为 $x_k^{(i)}/10$，以模拟离散事件仿真模型的建模噪声。在计算过程中，需要维护两个时钟，一个用于进行事件调度，按无人机到达和维修服务完成事件发生时间不等步长推进；另一个则与数据同化时间等步长推进，每一次推进至新的时刻后，需要从未来事件表中获取在新的时刻之前发生的所有事件。

3. 动态状态估计

假设在维修服务中心放置两个传感器（s1 和 s2），按数据同化时间步长分别同步记录进入和离开维修服务中心的无人机数量，并分别作为实时探测数据对离散事件仿真模型进行数据同化。传感器之间相互独立，且探测误差分别服从均值为 0、标准差为 σ_1 和 σ_2 的高斯分布，则根据式（5.8）可得：

$$f_{\Sigma}[y_k - h(x_k^i)] = (2\pi\sigma_1\sigma_2)^{-1}\exp\left\{-\frac{1}{2}\left[\frac{(y_k^{(1)} - h^{(1)}(x_k^{(i)}))^2}{\sigma_1^2} + \frac{(y_k^{(2)} - h^{(2)}(x_k^{(i)}))^2}{\sigma_2^2}\right]\right\} \quad (5.$$

式中，$y_k^{(j)}|j=1,2$ 为传感器 s1 和 s2 的实际观测值，σ_1 和 σ_2 设为实际模型运行值的 5%，$h^{(j)}(x_k^{(i)})|j=1,2$ 为第 i 个粒子基于状态 $x_k^{(i)}$ 运行仿真模型 Δt 步长得到的进入和离开维修服务中心的无人机数量记录值。

5.4.2 仿真实验设计

设计 3 个不同的实验，实验设计简表如表 5-2 所示。实验 1 是基准验证实验，旨在验证分析数据同化前后估计状态与"真实"状态的差异，数据同化迭代 48 个步长（ $K=24$ ， $\Delta t=0.5$ ），粒子数 $n=100$ ；实验 2 是数据同化时间步长影响实验，旨在探索分析数据同化时间步长对评估指标（均方根误差 RMSE ）的影响，时间步长从 0.1 到 1.0，间隔 0.1 进行取值；实验 3 是粒子数影响实验，旨在探索分析采样粒子数对均方根误差的影响，粒子数分别取 100、200、400、800。

表 5-2 实验设计简表

序号	实验 名 称	输 入	输 出	实 验 目 的
1	基准验证实验	$K=24$, $\Delta t=0.5$ （ $n=100$ ）	x'_k	验证分析数据同化前后估计状态与"真实"状态的差异
2	数据同化时间步长影响实验	$\Delta t=\{0.1, 0.2, \cdots, 1.0\}$	RMSE	探索分析数据同化时间步长对均方根误差的影响
3	粒子数影响实验	$n=\{100, 200, 400, 800\}$	RMSE	探索分析采样粒子数对均方根误差的影响

5.4.3 实验结果分析

基准验证实验结果如图 5-7 所示，图中展示了数据同化前后队列长度，以及两个传感器的无人机数量在 48 个步长（ $K=24$ ， $\Delta t=0.5$ ）内的变化趋势。可以看出，所记录的仿真模型"真实"值在同化两个传感器的探测值后有了比较明显的改变，但变化趋势基本一致。如果增大两个传感器探测误差（ σ_1 和 σ_2 设为实际模型运行值的 10% ），同时降低建模噪声（ Q 设为实际状态的 1/20 ），则同化后的队列长度更加趋近于或相信模型"真实"值。

数据同化时间步长与粒子数影响实验如图 5-8 所示，图中展示了在不同粒子数下，RMSE 随数据同化时间步长变化的趋势。可以看到，一方面，随着数据同化时间步长的增加，所有粒子数的 RMSE 在 $\Delta t=0.3$ 之后总体上也会随之增大，这说明数据同化所预测的结果越来越偏离"真实"值，即数据同化越粗糙，同化结果越不精确。当 $\Delta t < 0.3$ 时，出现比较高的 RMSE 是由于当数据同化时间步长太小时，很多状态数据得不到更新，从而降低了粒子的多样性，导致数据同化过程出现较大误差。另一方面，粒子数越多，RMSE 越小，这说明数据同化效果越好，但是当数据同化时间步长过大时，即使粒子数增加，也无法有效改善数据同化效果。

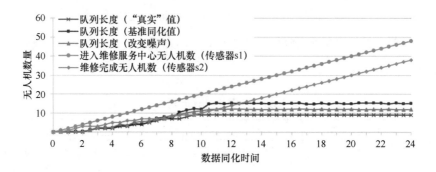

图 5-7　基准验证实验结果

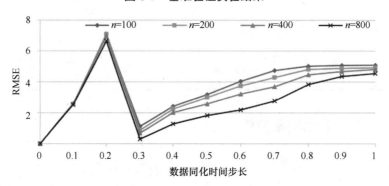

图 5-8　数据同化时间步长与粒子数影响分析

5.5　小结

针对离散事件仿真系统的非线性、非高斯性等复杂特征，本章介绍了基于粒子滤波的离散事件仿真数据同化方法。该方法通过设计数据同化框架，将离散事件仿真模型与粒子滤波算法解耦，形成了仿真模型、粒子滤波和实验分析三个阶段的离散事件仿真数据同化算法，可为其他复杂非线性系统的数据同化提供参考。仿真实验结果表明，经过数据同化后的预测状态更接近系统真实状态，而数据同化时间步长和粒子数会对状态预测精度产生影响。通常情况下，数据同化时间步长越小、粒子数越多，数据同化效果越好，但这会增加计算资源的消耗。此外，该方法将离散事件仿真模型视为粒子滤波中的状态方程，而机器学习，尤其是深度学习，根据已知数据集可以学习数据中的非线性关系，同样可作为代理模型参与数据同化过程[27-28]。未来的工作我们将尝试结合数据同化和可解释机器学习[29]，以推断复杂非线性系统中的模型参数，从而实现更精确的状态估计和预测。

参考文献

[1] ZHU Z, WANG T, HESSAM S, et al. Knowledge-based and data-driven behavioral modeling techniques in engagement simulation[J]. Simulation: Transactions of the society for Modeling and Simulation International, 2023, 99(10): 1069−1089.

[2] 尹奇跃, 赵美静, 倪晚成, 等. 兵棋推演的智能决策技术与挑战[J]. 自动化学报, 2023, 49(5): 913−928.

[3] GREWAL M S, ANDREWS A P. Applications of kalman filtering in aerospace 1960 to the present[J]. IEEE Control Systems Magazine, 2010, 30(3): 69−78.

[4] MAJIDI M, ERFANIAN A, KHALOOZADEH H. Prediction-discrepancy based on innovative particle filter for estimating UAV true position in the presence of the GPS spoofing attacks[J]. IET Radar, Sonar & Navigation, 2020, 14(6): 887−897.

[5] JEONG J, CHO Y, KIM A. HDMI-Loc: exploiting high definition map image for precise localization via bitwise particle filter[J]. IEEE Robotics and Automation Letters, 2020, 5(4): 6310−6317.

[6] MA W J, XU F. Study on computer vision target tracking algorithm based on sparse representation[J]. Journal of Real-Time Image Processing, 2020, 18(2): 1−12.

[7] WANG B, ZOU X, ZHU J. Data assimilation and its applications[J]. PNAS, 2000, 97(21): 11143−11144.

[8] 李晓. 数据同化与机器学习在非线性系统状态与参数估计中的应用[D]. 济南: 山东大学, 2022.

[9] ARULAMPALAM M S, MASKELL S, GORDON N J, et al. A tutorial on particle filters for online nonlinear/non-gaussian bayesian tracking[J]. IEEE Transactions on Signal Processing, 2002, 50 (2): 174−188.

[10] 付梦印, 邓志红, 闫莉萍. Kalman 滤波理论及其在导航系统中的应用[M]. 2 版. 北京: 科学出版社, 2010.

[11] JAMES M R, PETERSEN I R. Nonlinear state estimation for uncertain systems with an integral constraint[J]. IEEE Transactions on Signal Processing, 1998, 46(11): 2926–2937.

[12] HU J, WAND Z D, GAO H J, et al. Extended kalman filtering with stochastic nonlinearities and multiple missing measurements[J]. Automatica, 2012, 48(9): 2007–2015.

[13] JULIER S J, UHLMANN J K. Unscented filtering and nonlinear estimation[J]. Proceedings of The IEEE, 2004, 92(3): 401–422.

[14] BURGERS G, VAN LEEUWEN P J, EVENSEN G. Analysis Scheme in the Ensemble Kalman Filter[J]. Monthly Weather Review, 1998, 126(6): 1719–1724.

[15] GILLIJNS S, MENDOZA O B, CHANDRASEKAR J, et al. What is the ensemble Kalman filter and how well does it work?[C]//Proceedings of the 2006 American control conference. Minneapolis, MN: IEEE, 2006: 4448–4453.

[16] DJURIC P M, KOTECHA J H, ZHANG J Q, et al. Particle filtering[J]. IEEE Signal Processing Magazine, 2003, 20(5): 19–38.

[17] XIE X. Data Assimilation in Discrete Event Simulations[D]. Delft, Netherlands: Delft University of Technology, 2018.

[18] HUANG Y L, XIE X, CHO Y B, et al. Particle filter-based data assimilation in dynamic data-driven simulation: sensitivity analysis of three critical experimental conditions [J]. Simulation: Transactions of the society for Modeling and Simulation International, 2023, 99(4): 403–415.

[19] KALLAPUR A G, PETERSEN I R, ANAVATTI S G. A discrete-time robust extended Kalman filter for uncertain systems with sum quadratic constraints[J]. IEEE Transactions on Automatic Control, 2009, 54(4): 850–854.

[20] WANG M H, HU X L. Data assimilation in agent based simulation of smart environments using particle filters[J]. Simulation Modeling Practice and Theory, 2015, 56: 36–54.

[21] BANKS J, CARSON J S, NELSON B L, et al. Discrete-Event System Simulation[M]. Englewood Cliffs, N.J.: Prentice-Hall, 2010.

[22] FISHWICK P A. Simulation Model Design and Execution: Building Digital Worlds[M]. Upper Soddle River, NJ, USA: Prentice Hall PTR, 1995.

[23] JAZWINSKI A H. Stochastic Processes and Filtering Theory[M]. London: Dover Publications, 2007.

[24] 陶志富, 谭文发, 陈华友. 一种融合模糊时间序列分析的成分数据时间序列预测方法[J]. 系统工程理论与实践, 2023, 43(5): 1534−1544.

[25] HU X L. Data assimilation for simulation-based real-time prediction/analysis[C]// Proceedings of The Annual Modeling and Simulation Conference (ANNSIM). San Diego, CA, USA, 2022: 404−415.

[26] 陈荣元, 林立宇, 王四春, 等. 数据同化框架下基于差分进化的遥感图像融合[J]. 自动化学报, 2010, 36(3): 392−398.

[27] BRAJARD J, CARRASSI A, BOCQUE M, et al. Combining data assimilation and machine learning to emulate a dynamical model from sparse and noisy observations: A case study with the Lorenz 96 model[J]. Journal of Computational Science, 2020, 44.

[28] ARCUCCI R, ZHU J C, HU S, et al. Deep Data Assimilation: Integrating deep learning with data assimilation[J]. Applied Sciences, 2021, 11(3): 1114.

[29] 孔祥维, 唐鑫泽, 王子明. 人工智能决策可解释性的研究综述[J]. 系统工程理论与实践, 2021, 41(2): 524−536.

第6章

形式化模型转换技术

模型连续性是指模型转换前后的一致性，涉及目标模型的语法正确性、模型转换的完整性和语义正确性。本章讨论了形式化模型转换体系中的模型连续性，主要包括概念建模、模型定义和模型实现三个阶段，以 GFCCS 为例，定义了仿真模型之间的转换规则。通过实现从 GFCCS 到 P-DEVS、JAVA 再到代码生成的过程，并根据模型转换的评估标准验证了该模型转换过程的有效性。

6.1 模型转换

6.1.1 模型转换的概念

模型转换是将一种形式的模型转换为另一种形式的过程，模型转换通过一系列转换规则实现。在模型驱动开发（Moclel Driven Development，MDD）中的各个阶段，不需要重新创建模型，而是通过模型转换来重用已有的信息。形式化的模型转换要求参与转换的模型使用良好的建模语言定义，转换规则也由良好的模型转换语言定义，以确保在良好的模型转换模板下进行模型转换。在模型转换过程中，为了保持模型的连续性，目标模型应尽可能包含源模型的信息，并保留初始的建模关系[1]。图 6-1 所示为 MDD 中的模型转换基本模式。

根据目标模型的不同表现形式，模型转换可分为两种类型：M2M 和

M2T。在 M2T 转换中，当目标的表现形式为文本时，也称为代码生成。MDD
过程通常包括一系列的 M2M 转换和最终的代码生成。若源模型与目标模型
的元模型相同，则称该转换为内生转换；反之称为外生转换[2]。

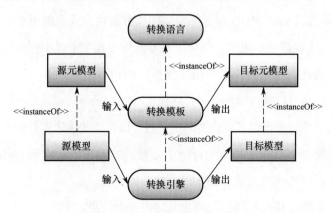

图 6-1　MDD 中的模型转换基本模式

　　为了实现 MDD 中特定系统在不同抽象层次上的表达，并重用已有的模型
信息，模型转换语言的定义至关重要。模型转换语言用于编写形式化的转换规
则，模型转换工具的语言解释器解析这些规则，并解释给定源语言和目标语言
的语法及由源语言定义的源模型。模型转换引擎则应用这些规则，根据解释器
的结果生成目标模型。若模型转换中的模型表现形式为图，则称为图形转换，
相应的工具称为图形转换工具[3]。典型的 M2M 转换语言包括 QVT 和 ATL。

　　QVT 是声明式和命令式的模型转换语言，定义了三种相关的转换语言，
包括关系规范（Relations Specification）、操作映射（Operational Mappings）
和 Core[4]。关系规范支持以用户友好的方式实现复杂的对象模式匹配和对象
模板创建；操作映射辅助实现关系规范中关系的声明式定义；Core 定义了
EMOF（Essential MOF）[5]和 OCL 的最小扩展集。

　　ATL 是常用的模型转换语言之一[6]。只要目标元模型和源元模型定义
良好，ATL 转换文件就能根据源模型生成目标模型。在转换过程中，目标
模型实例的属性将根据源模型实例赋值。此外，基于 Eclipse 平台的 ATL
提供了文本编辑器、编译器和解释器等功能，极大地提高了 ATL 模型转换
的开发效率。

6.1.2　模型转换的评价标准

同一个源模型可以有多种形式的模型转换，而不同的模型转换往往具有不同的评价标准。在 MDD 中选择合适的模型转换方式至关重要，尽管寻求统一的向导式规则并不现实，但可以借鉴软件工程中的基本评价标准。

- 正确性。模型转换的正确性包括语法和语义两方面。只有当目标模型符合目标元模型规范时，该模型转换才是语法正确的；同时，只有当模型转换保留了源模型的语义时，该模型转换才算是语义正确的。
- 完整性。对于源模型的每一个元素，如果在目标模型上都能找到与之对应的模型元素，那么该模型转换具有完整性。
- 终止性。模型转换总能停止并输出一个结果。
- 唯一性。模型转换对特定的源模型能生成唯一的目标模型。
- 可读性。模型转换规则应当是可读的、可理解的。
- 效率。模型转换包括多少个转换步骤，运用了多少个转换规则。
- 可维护性。模型转换在更改、扩展和重用方面的能力。
- 可拓展性。模型转换扩展到处理大范围模型的能力，且不以牺牲性能为代价。
- 精确性。模型转换管理不完整的源模型、处理可能发生的错误的能力。
- 健壮性。模型转换处理突发错误、管理无效源模型的能力。
- 有效性。对模型转换进行系统测试和校验，确定其是否具有正确的行为。
- 一致性。模型转换能检测并解决内部的冲突和不一致。
- 可追溯性。源模型和目标模型对应元素之间存在记录链接，且在模型转换过程中的各个阶段都有记录。
- 可逆性。模型转换从 s 转换为 t，如果也能从 t 转换为 s，那么该模型转换是可逆的，这个属性多用于取消模型转换。

正确性、完整性和终止性是评判模型转换成功与否的基本标准。首先，模型转换应确保语法、语义上的正确性；其次，为了尽可能保留和重用源模型信息，模型转换应具备完整性，通常通过检测是否覆盖了源元模型和目标元模型的所有元素来评估其完整性；最后，模型转换语言的解释器通常提供模型转换的终止性。因此，通常我们只关注模型的正确性和完整性。

此外，MDD 涉及以下几个方面的特性。

- 抽象性。提高模型的抽象层次，使其更接近问题域，无须考虑具体技术实现细节。
- 元建模。基于元模型形式化定义建模语言。
- 模型转换。定义模型映射机制，实现模型之间的转换，包括代码生成。
- 自动化。利用计算机技术自动化生成模型、建模工具、源代码及各类文件。
- 通用性。不依赖于特定的具体技术、工具或平台。

6.1.3　仿真模型开发过程

软件开发过程中各个阶段所使用的语言各不相同。根据抽象层次和主要目标，通常将软件开发过程分为需求、分析、设计、编码和测试这 5 个阶段[7]。在建模与仿真领域，存在许多仿真模型开发过程[8]，这些过程中的各个阶段有明显的区分，旨在提高仿真模型的开发效率。尽管在不同的应用中，各个阶段及各个阶段的输入/输出、参与人员等可能有所不同，但通常都从 3 个阶段解读仿真模型开发过程（见图 6-2），即概念建模、模型定义和模型实现。

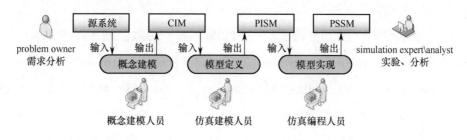

图 6-2　仿真模型开发过程

（1）概念建模。

在需求分析阶段，用户提供了仿真应用系统的目标、需求，并设定了仿真应用系统的边界，以确定影响仿真应用系统性能的关键因素。通常，需求分析可以通过专门的需求定义语言来描述[9]。当用户与概念建模人员开始交互时，通常会得到一个初步的解决方案，并在此阶段输出项目开发计划。

一旦用户提出了需求，启动仿真模型的开发，接下来概念建模人员会根据仿真应用系统的概念定义一个高层抽象模型，即 CIM。这类模型与现实层面的数据结构和操作无关，通常使用良构的概念建模语言创建，如 UML 类图、BPMN 等。概念模型是不可执行的系统高层抽象，根据所采用的概念建模语言的语义，没有相应的算法解释其模型的行为[10]。

（2）模型定义。

用户和概念建模人员对所建立的 CIM 达成一致意见后，仿真建模人员将根据特定的系统定义语言（如 DEVS、Petri 网[11]、偏微分方程等），将 CIM 转换为形式化的模型。这类模型是对系统的规约，包括系统的体系结构、数据结构及操作的抽象设计。由于这类模型的设计并不考虑具体的实现技术细节，只涉及系统的抽象计算，因此也叫平台无关仿真模型（Platform Independent Simulation Model，PISM），对应 MDA 中的 PIM。PISM 是 CIM 中有关过程和活动的数学表示，同时包括执行这些过程和活动的数据资源。根据其数学描述，PISM 能被人工地执行，但要在特定的仿真平台上运行，需要具体的技术来实现系统的体系结构、数据结构、操作和配置，形成对系统的另一项规约。

（3）模型实现。

概念建模人员和仿真建模人员就 PISM 达成一致意见后，仿真编程人员将会基于特定的平台编写平台相关仿真模型（Platform Specific Simulation Model，PSSM），对应 MDA 中的 PSM。一般来说，PSSM 能够自动生成最终的可编译或可执行的仿真模型（Simulation Model，SM），但要注意，PSSM 与 SM 是在同一个抽象层次上不同侧面的表达。PSSM 用比特定编程语言高一个抽象层次的建模语言定义，而 SM 通常是用编程语言生成或编写的可执行代码。在模型实现阶段，通过 SM 的运行和测试，可以验证仿真模型是否正确地表达了源系统的行为。

一旦 SM 验证正确，仿真专家就会设计仿真实验，在仿真器上执行 SM，以校验仿真模型的行为是否与最初的仿真模型开发目标一致，最终得到仿真实验结果。仿真实验的设计包括编辑想定、准备实验数据、选择实验因子和实验响应、定制脚本等内容，这些内容形成一个实验配置文件，也称为仿真实验模型（Simulation Experiment Model，SEM）。

仿真分析人员会分析仿真实验结果，形成实验报告，从而获得关于源系统更深层次的知识。如果需要，也可以增加实验结果对比，以获得可信度更高的仿真实验分析结果。

6.2　形式化模型转换理论体系

6.2.1　建模与元建模

建模是将系统的特性和规律以特定目的进行抽象的过程，这些特性和规律以模型的形式表达，并能够被模型解释器解释。模型的解释必须在一定的语境下进行，这个语境包括建模的目的、系统环境、约束、假设等因素。

记 $S = (s, s_1, s_2, \cdots)$ 为系统的无限集，$C = (c, c_1, c_2, \cdots)$ 为语境的无限集，$L = (l, l_1, l_2, \cdots)$ 为语言的无限集。

通常，数学集合理论也能应用在 S，C 和 L 中，如并集、交集、差集、补集、包含、真包含、笛卡儿积、幂集。例如，$c_1 + c_2 : C \times C \to C$ 表示两个语境的组合，有 $c_1 + c_1 = c_1$，$c_1 + c_2 = c_2 + c_1$ 和 $c_1 \leqslant c_1 + c_2$。

【定义 6.1】模型：

$l(g)$ 表示通过语法 g 生成的一种语言，如果 $m \in l(g)$ 是系统 s 在语境 c 下的一种表示，那么称 m 是系统 s 在语境 c 下的一个模型。M 是所有模型的无限集合，记为 $M = \{m, m_1, m_2, \cdots\}$，$modelOf(m, s, c) : M \times S \times C \to \{true\}$ 为建模关系。

公理 1：建模关系的传递（见图 6-3）。

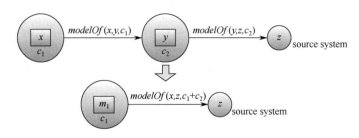

图 6-3　建模关系的传递

$$modelOf(x, y, c_1) \wedge modelOf(y, z, c_2) \Rightarrow modelOf(x, z, c_1 + c_2)$$

【定义 6.2】符合关系：

若 $m \in l(g)$，$m \in M$，则称 l 为一种建模语言，且 m 符合 l，记 $conformTo(m, l): M \times L \rightarrow \{true\}$ 为符合关系。

元建模是定义一种建模语言的语法的过程，这些语法以元模型的形式进行表达，用于规范模型的定义。

【定义 6.3】元模型：

$mm \in M$ 是一个模型，且 $\exists modelOf(mm, s, c)$，其中，$s \in S$，$c \in C$。若 $s = g$（s 是一种语法），那么 mm 是一个元模型。MM 是元模型的无限集合，即 $MM = \{mm, mm_1, mm_2, \cdots\}$，其中，$MM \subset M$。

从元模型的构造出发。

【定义 6.4】元模型结构：

记多元组 $mm = <Obj, Syn, Cons, \delta, S_\delta>$ 是一个元模型，其中，

- Obj 是元模型中可被使用的建模结构对象集；
- Syn 是作用于对象间的一组语法规则；
- $Cons$ 是作用在对象间的静态语义，其中，$C: O \rightarrow B$，$B \equiv \{true, false\}$ 为布尔集；
- δ 是语义领域，即 Obj 对应的所有语义对象 δ_Obj 的集合；
- S_δ 是一组语义函数，将对象 $o \in Obj$ 映射到 δ 中的特定对象，其中，$S_\delta: \{\delta\_Obj, undefined, false\}$，$o \in Obj$，$\delta\_Obj \in \delta$。

静态语义 $Cons$ 作为 Syn 的补充，本质上仍属于语法范畴。

【定义 6.5】元建模语言：

对任意 $mm \in MM$ ，存在 $conformTo(mm, l)$ ，则语言 l 为元建模语言。记元建模语言的无限集为 $LL = (ll, ll_1, ll_2, \cdots)$ ，有 $LL \subset L$ 。

【定义 6.6】实例化关系：

若 $mm \in MM$ ， $m \in M$ ，且 $conformTo(m, l(mm))$ ，对于 m 中的每一个元素，在 mm 中都能找到一些元素与之对应，则称 m 是 mm 的实例，记为 $instanceOf(m, mm) : M \to MM$ 。

通常，我们所说的实例化关系是语言实例化关系，也可记为 $LinInstanceOf(m, mm) : M \to MM$ 。当且仅当 $M \equiv O$ （ $O = (o, o_1, o_2, \cdots)$ 为本体无限集）， $MM \equiv OO$ （ $OO = (oo, oo_1, oo_2, \cdots)$ 为 O 的上一层本体无限集）时，称该实例化关系为本体实例化关系，记为 $OnInstanceOf(o, oo) : O \to OO$ 。

公理 2： $instanceOf(x) = y \Rightarrow conformTo(x, l(y))$ ，即若 x 是 y 的实例，则 x 符合 y 表示的语言。

6.2.2　模型转换定义

【定义 6.7】模型转换模式：

三元组 $p = (l_s, l_t, r)$ 表示模型转换的基本模式，其中， l_s 为元建模语言； l_t 为目标语言（它可以是建模语言、编程语言或任何一种具有良好定义的语言）； r 为模型转换语言中从 l_s 到 l_t 的转换规则有限集， $r = (r, r_1, r_2, \cdots, r_n)$ ； $P = (p, p_1, p_2, \cdots)$ 为模型转换模式的无限集。

【定义 6.8】形式化模型转换：

若 $m \in M$ ， $conformTo(m, l_s)$ ，且 $p = (l_s, l_t, r)$ ，如果 $e \in l_t$ 是 m 通过 p 生成的一种表达，则称该生成过程为形式化模型转换， $transformTo(m, p) = e$ 表示 m 通过 p 生成 e 。

【定义 6.9】M2M 转换：

$transformTo(x, p) = y$ ，且 $y \in M$ ，称该转换过程为 M2M 转换。

公理 3： $transformTo(x, p) = y \wedge modelOf(x, s, c) \wedge y \in M \Rightarrow modelOf(y, s, c + p)$ ，如图 6-4 所示。

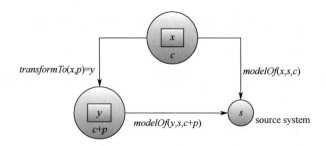

图 6-4　公理 3 的图示

【定义 6.10】M2T 转换：

若 $transformTo(x, p) = y$，且 y 是编程语言的源代码，则称该转换过程为 M2T 转换，也称为代码生成。

根据以上定义，有以下式子成立：

- $transformTo(x, p) = y \land p = \{l_s, l_t, r\} \Rightarrow conformTo(x, l_s)$

- $transformTo(x, p) = y \land y \in M \land p = \{l_s, l_t, r\} \Rightarrow conformTo(y, l_t)$

- $transformTo(x, p) = y \land p = \{l(mm_s), l_t, r\} \land mm_s \in MM$
  $\Rightarrow instanceOf(x) = mm_s$

- $transformTo(x, p) = y \land y \in M \land p = \{l_s, l(mm_t), r\} \land mm_t \in MM$
  $\Rightarrow instanceOf(y) = mm_t$

【定义 6.11】转换函数：

记转换函数 $transformTo(m_s, p) : M_s \to M_t$ 为作用在 M_s 上的全函数，其中，

- M_s 是所有源模型的无限集合；

- M_t 是所有目标模型的无限集合；

- $M_s \bigcup M_t \subset M$；

- Initial $M_t = \varnothing$；

- $\forall m_s \in M$ ：（$\exists m_s \in M : transformTo(m_s, p) \notin M_t$）；

- $M_t = M_t \bigcup transform(m_s, p) \land conformTo(transform(m_s, p), l(mm_t)) \land$
  $mm_t \in MM$ 。

通常，模型转换有 3 个层次的类型，即语法转换、语义转换和意图转换。系统的意图与语言的语义不同，语言的语义是语言自身建模结构的解释，而系统的意图描述的是系统的特征，通常由系统使用者和领域专家协作完成，反映了他们对系统最初的认识与共识。按照前置条件和后置条件的形式，有

如下定义。

【定义 6.12】语法正确性检验：

根据 mm 的语法规则 Syn 和静态语义 $Cons$ ，记 $Eva\_Syn(m,mm):M \times MM \to B$ 评价模型 m 。

【定义 6.13】语法转换：

记 T_Syn 是作用于模型 m_s 的语法转换，生成的模型 m_t 满足 $confromTo(m_t,l_t(mm_t)) \wedge conformTo(m_t,l_t(Cons))$ 。

前置条件：

$$\exists m \in M_s : Eva\_Syn(m,mm_s) = true \wedge Eva\_Syn(m,mm_t) = false$$

主体语法：

$$T\_Syn \equiv \{T\_Syn(m_s):M_s \to M_t\}$$

－ $M_t\_Initial = \varnothing$ ；

－ $\forall m \in M_s$ ， $M_t = M_t \bigcup T\_Syn(m)$ 。

后置条件：

$$\forall m \in M_s : Eva\_Syn(T\_Syn(m),mm_t) = true$$

同理，也可定义语义转换和意图转换。

【定义 6.14】语义正确性检验：

记 $Eva\_Sem(m,mm):M \times MM \to \{\delta\_Obj, undefined, false\}$ 是根据 mm 的语义规则（语义映射函数 S_δ ）能否将构成模型 m 的建模结构对象映射到语义领域中的语义对象。

【定义 6.15】语义转换：

记 T_Sem 是作用于模型 m_s 的语义转换，生成的模型 m_t 满足语法转换定义和语义正确性检验。

前置条件：

$\exists m \in M_s$ ，满足：

（1） $Eva\_Syn(m,mm_s) = true \wedge Eva\_Syn(m,mm_t) = false$

（2） $\neg Eva\_Sem(m,mm) = \{undefined, false\}$

主体语法:

$$T\_Sem \equiv \{T\_Sem(m_s): M_s \to M_t\}$$

- $M_t\_Initial = \varnothing$
- $\forall m \in M_s$, $M_t = M_t \bigcup T\_Sem(m_s)$;

后置条件:

$\forall m \in M_s$, 满足:

(1) $Eva\_Syn(T\_Syn(m), mm_t) = true$

(2) $Eva\_Sem(T\_Sem(m), mm_t) = true$

【定义 6.16】领域本体:

记 $Onto = (TERM, f)$, 其中, $term_{i, i \leq N} \in TERM$ 是领域概念术语集中的一个术语, $f(term_i, term_j)_{i, j \leq N}: TERM \to TERM$ 是术语间的关系。

【定义 6.17】

记 $Intensional\_Obj(fragment) = \langle (term_1, o_1)(term_2, o_2) \cdots (term_n, o_n) \rangle$ 为模型片段 $fragment$ 通过意图映射函数抽取的意图对象, 对应 $fragment$ 在真实世界中的意图含义, 其中:

- $fragment$ 是构成模型 m 的一个模型片段, 如 $conformTo(m, mm)$;
- $o_{i, i \leq N}$ 是构成 $fragment$ 的建模结构对象;
- $term_{i, i \leq N}$ 是从 $Onto$ 中选取的术语。

【定义 6.18】意图等效性检验:

记 $Intension\_Eq(fragment1, fragment2): M_1 \times M_2 \to \{true\}$ 为模型片段 $fragment1$ 和 $fragment2$ 上的意图等效性检验, 检查这两个片段是否具有相同的意图含义, 当且仅当:

- $Intensional\_Obj(fragment1) = \langle (term_1, o_1)(term_2, o_2) \cdots (term_n, o_n) \rangle$
- $Intensional\_Obj(fragment2) = \langle (term_1, o_1')(term_2, o_2') \cdots (term_n, o_n') \rangle$

其中,

- $\forall o_{i, i \leq N} \in fragment1$;
- $\forall o_{i, i \leq N}' \in fragment2$;
- $term_{i, i \leq N}$ 是选自同一领域本体 $Onto$ 的术语。

【定义 6.19】意图转换：

记 $T\_Intension$ 是作用于模型 m_s 的意图转换，生成的模型 m_t 满足语法、语义转换定义和意图等效性检验。

前置条件：

$\exists m \in M_s$，满足：

（1）$Eva\_Syn(m, mm_s) = true \wedge Evan\_Syn(m, mm_t) = false$

（2）$\neg Eva\_Sem(m, mm) = \{undefined, false\}$

主体语法：

$$T\_Intension \equiv \{T\_Intension(m_s) : M_s \rightarrow M_t\}$$

$-\ M_t\_Initial = \varnothing$

$-\ \forall fragment_{i, i \leqslant N} \subseteq m_s：$

　　$\{m_t = m_t \bigcup T\_Intension(fragment_{i, i \leqslant N}) \mid \forall fragment_{i, i \leqslant N} \subseteq m_s$，满足：

（1）$Intension\_Eq(fragment_{i, i \leqslant N}, T\_Intension(fragment_{i, i \leqslant N})) = \{true\}$

（2）$\bigcup_{i=1}^{N} fragment_i = m_t, i = 1, 2, \cdots, N$

　　$\}$

后置条件：

$\forall m \in M_s$，满足：

（1）$Eva\_Syn(T\_Syn(m), mm_t) = true$

（2）$Eva\_Sem(T\_Sem(m), mm_t) = true$

（3）$Intension\_Eq(m_s, T\_Intension(m_s)) = \{true\}$

从以上定义可得出语言语法转换是语义转换和意图转换的基础，语法转换和语义转换是意图转换成立的前提。

6.2.3　模型驱动开发过程定义

MDD 过程包括一个初始模型、多个中间模型和最终源代码，主要通过具有连续性的模型转换从某一个初始模型中获得多个中间模型，最后生成源代码。下面给出 MDD 过程的定义。

【定义 6.20】MDD 过程：

记多元组 $mdd = \{n, MML, ML, MO, SL, pl, MTP, STP, MT, sc, TO\}$ 为一个

MDD 过程，其中：

- n 是中间模型的个数；
- $MML = \{ll_0, ll_1, ll_2, \cdots ll_{n-1}\}$ 是元建模语言的有序集合；
- $ML = \{l_0(mm_0), l_1(mm_1), l_2(mm_2), \cdots, l_{n-1}(mm_{n-1})\} \mid conformTo(mm_{i,0 \leqslant i \leqslant n}, ll_{i,0 \leqslant i \leqslant n})$ 是建模语言的有序集合；
- $MO = \{m_0, m_1, m_2, \cdots, m_{n-1}\} \mid conformTo(m_{i,0 \leqslant i \leqslant n}, l_{i,0 \leqslant i \leqslant n})$ 是模型的有序集合，其中，m_0 是初始模型，m_{n-1} 是最终模型；
- SL 是附加语言集，至少包括一种模型转换语言，以编写转换规则；
- pl 是所生成代码的编程语言；
- $MTP = \{p_0, p_1, p_2, \cdots, p_{n-1}\}$ 是模型转换模式集，其中，$p_{i,0 \leqslant i \leqslant n}$ 是模型转换模式，p_{n-1} 是代码生成模式，且 $p_{n-1} = \{l_{n-1}(mm_{n-1}), pl, r\} \in MTP$，即至少包含一个代码生成模式；
- STP 是附加的模型转换模式集；
- $MT = \{transform(x, p) = y \mid x \in M \land p \in MTP\}$ 是模型转换集，其中，$(transform(m_{n-1}, p_{n-1}) = sc) \in MT$，即至少包含一个代码生成；
- sc 是最终代码；
- TO 是工具集。

【定义 6.21】模型连续性：

若 mdd 是一个 MDD 过程，m_0 表示初始模型，且 $modelOf(m_0, s, c) = true$，当且仅当 $n \geqslant 2$，且 $modelOf(m_{\text{final}}, s, c+x)$ 时，m_{final} 为该 MDD 过程的最终模型，该模型是通过一系列形式化模型转换而得的，则称这个 MDD 过程具有模型连续性。

模型连续性也可继续细分为不同层次，即语法模型连续性、语义模型连续性和意图模型连续性。满足语法转换 T_Syn 的 MDD 过程具有语法模型连续性；满足语义转换 T_Sem 的 MDD 过程具有语义模型连续性；满足意图转换 $T\_Intension$ 的 MDD 过程具有意图模型连续性。

MDA 过程根据抽象层次的不同主要包括三类模型，即 CIM、PIM 和 PSM，它们可看作 MDD 过程的特例，根据 MDD 过程的定义（定义 6.20），定义 MDA 过程。

【定义 6.22】仿真模型：

若 $m \in M$，$s \in S$，且 $modelOf(m,s,c)$，当且仅当存在一个仿真器随时间执行模型 m 时，该模型为仿真模型。

【定义 6.23】仿真建模语言：

若 $l(g)$ 是一种建模语言，当且仅当存在一个仿真模型 m，有 $conformTo(m,l(g))$ 时，则称该建模语言为仿真建模语言。

【定义 6.24】MDA 过程：

记多元组 $mda = \{n, MML, ML, MO, SL, pl, MTP, STP, MT, SM, TO\}$ 为一个 MDA 过程，其中：

- $n = 3(CIM, PIM, PSM)$；
- $MML = \{ll_0, ll_1, ll_2\}$ 是元建模语言的有序集合；
- $ML = \{l_0(mm_{CIM}), l_1(mm_{PIM}), l_2(mm_{PSM})\}$，有
  - $confromTo(mm_{CIM}, ll_0)$；
  - $confromTo(mm_{PIM}, ll_1)$；
  - $confromTo(mm_{PSM}, ll_2)$；
- $MO = \{CIM, PIM, PSM\}$，CIM 是初始模型，PSM 是最终模型，且有
  - $instanceOf(CIM) = mm_{CIM}$；
  - $instanceOf(PIM) = mm_{PIM}$；
  - $instanceOf(PSM) = mm_{PSM}$；
- SL 是模型转换语言集；
- pl 是具体的编程语言，MDA 过程最后的模型表现形式；
- $MTP = \{p_{CIM}, p_{PIM}, p_{PSM}\}$，有
  - $p_{CIM} = \{l_0(mm_{CIM}), l_1(mm_{PIM}), r_0\}$；
  - $p_{PIM} = \{l_1(mm_{PIM}), l_2(mm_{PSM}), r_1\}$；
  - $p_{PSM} = \{l_2(mm_{PSM}), pl, r_2\}$；
- STP 是附加的模型转换模式集；
- $MT = \{$

$$transformTo(CIM, p_{CIM}) = PIM,$$

$$transformTo(PIM, p_{PIM}) = PSM,$$

$$transformTo(PSM, p_{PSM}) = SM$$

$$\};$$

- SM 是最终可执行仿真模型；

- TO 是工具集。

定理 1：MDA 过程具有模型连续性，如图 6-5 所示。

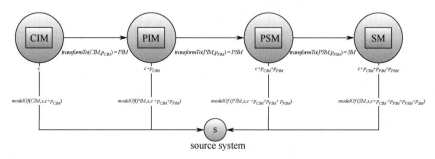

图 6-5 定理 1 的图示

证明：记 $mda = \{n, MML, ML, MO, SL, pl, MTP, STP, MT, SM, TO\}$ 是一个 MDA 过程，有 $n = 3$，$MO = \{CIM, PIM, PSM\}$，根据定义 6.24：

- $CIM, PIM, PSM \in M$ ；

- $p_{CIM} = \{l_0(mm_{CIM}), l_1(mm_{PIM}), r_0\}$ ；

- $p_{PIM} = \{l_1(mm_{PIM}), l_2(mm_{PSM}), r_1\}$ ；

- $p_{PSM} = \{l_2(mm_{PSM}), pl, r_2\}$ ；

- $transformTo(CIM, p_{CIM}) = PIM$ ；

- $transformTo(PIM, p_{PIM}) = PSM$ ；

- $transformTo(PSM, p_{PSM}) = SM$ ；

- SM 是最终可执行的仿真模型；

根据模型连续性定义，得到 MDA 过程具有模型连续性。

由以上定义可知，以下式子成立：

- $transformTo(CIM, p_{CIM}) = PIM \wedge modelOf(CIM, s, c) \wedge PIM \in M$ ，

  则 $modelOf(PIM, s, c + p_{CIM})$ ；

- $transformTo(PIM, p_{PIM}) = PSM \wedge modelOf(PIM, s, c + p_{CIM}) \wedge PSM \in M$ ，

则 $modelOf(PSM, s, c + p_{CIM} + p_{PIM})$；

- SM 是仿真模型，则 $SM \in M$；
- $transformTo(PSM, p_{PSM}) = SM \wedge modelOf(PSM, s, c + p_{CIM} + p_{PIM}) \wedge SM \in M$，则 $modelOf(SM, s, c + p_{CIM} + p_{PIM} + p_{PSM})$；
- $n \geqslant 2 \wedge modelOf(SM, s, c + p_{CIM} + p_{PIM} + p_{PSM})$，则该 MDA 过程达到模型连续性。

上述形式化模型转换理论体系实质上是 MDD 在仿真建模过程中的应用。根据 MDD 的 5 项基本要求，对该理论体系进行总结和评价如下。

（1）抽象性。

MDA 过程包含了 4 类模型，即 CIM、PIM、PSM、SM。这些模型各自处于不同的抽象层次，例如，CIM 没有执行语义，最接近问题域；而 PIM 具有执行语义，但没有实现细节；PSM 则兼具两者。因此，上述 MDA 过程的形式化定义满足了抽象性的要求。

（2）元建模。

MDA 过程基于元建模定义建模语言，至少存在 3 种元模型，即 CIM 元模型、PIM 元模型和 PSM 元模型，以及描述模型转换规则的附加元模型。因此，该 MDA 过程满足了元建模的需求。

（3）转换。

MDA 过程定义了 3 种模型转换，即 CIM 到 PIM 的转换、PIM 到 PSM 的转换、PSM 到 SM 的转换，每一种转换都需要通过模型转换语言编写转换规则。因此，该 MDA 过程满足了转换的需求。

（4）自动化。

在 MDA 过程的形式化定义中，最后一个元素 *TO* 描述了支持该过程的工具集，通过这些工具及现成的元建模环境可以自动化地生成建模工具和源代码等，还能通过模型转换工具自动生成模型。因此，该 MDA 过程满足了自动化的需求。

（5）通用性。

该 MDA 过程基于 MDA 提供了仿真模型开发的通用方法，独立于具体形式体系和应用平台，能够较好地适应特定的平台和技术进行定制。因此，该 MDA 过程满足了通用性的需求。

6.3　基于 MDA 的形式化模型转换过程

作为案例分析，我们将采用前述章节定义的防御体系火控通道控制系统的领域特定建模语言（GFCCS DSL）来展示对 MDA 过程的论证。在这个实例中，我们经历了从 GFCCS（CIM）到 P-DEVS（PIM），再到 JAVA（PSM），最终到 Java 源代码的转换过程。虽然利用 Acceleo 等 M2T 转换技术可以直接将 GFCCS 转换为 Java 代码，但直接进行 CIM 到源代码的转换可能会带来多种问题，如转换规则编写异常复杂、模型可移植性差及生成的代码可执行性差等。此外，如果更换具体的实现平台，就必须重新编写转换规则。因此，这里基于 MDA 将 GFCCS 仿真建模过程分解为不同的抽象层次。每个层次都有对应的模型，这些模型逐渐接近实现细节。虽然在执行语义上存在一定差异，但通过定义形式化的转换规则，可以最大限度地保留初始模型的语义信息。此外，各层模型和转换规则都成为了固定的知识，可以在不同的建模形式体系和实现平台上得到重复使用。

6.3.1　GFCCS 实现过程定义

根据定义 6.24（MDA 过程），将 GFCCS DSL 确定为概念建模语言，用于定义概念模型；将 P-DEVS 确定为建模形式体系，用于定义 PIM；将 JAVA 确定为底层的编程语言，用于定义 PSM。因此，GFCCS 的仿真建模过程包括以下几类元模型和模型转换。

- CIM 元模型为 GFCCS 元模型；
- PIM 元模型为 P-DEVS 元模型；
- PSM 元模型为 JAVA 元模型；
- CIM-PIM 转换为 GFCCS 到 P-DEVS 的转换；
- PIM-PSM 转换为 P-DEVS 到 JAVA 的转换；
- PSM-SM 转换为 JAVA 到 Java 代码的转换。

GFCCS 的仿真建模过程定义如下。

【定义 6.25】GFCCS 仿真建模过程：

记多元组 $gfccs = mda_{instance} = \{n, MML, ML, MO, SL, pl, MTP, STP, MT, SM,$ $TO\}_{instance}$ 为一个 GFCCS 仿真建模过程，其中：

- $n = 3(CIM, PIM, PSM)$；

- $MML = \{Ecore, Ecore, Ecore\}$ 是元建模语言的有序集合；

- $ML = \{l_0(mm_{GFCCS}), l_1(mm_{DEVS}), l_2(mm_{JAVA})\}$，有
  - ✧ $confromTo(mm_{GFCCS}, Ecore)$；
  - ✧ $confromTo(mm_{DEVS}, Ecore)$；
  - ✧ $confromTo(mm_{JAVA}, Ecore)$；

- $MO = \{CIM, PIM, PSM\}$，其中，CIM 是初始模型，PSM 是最终模型，有
  - ✧ $instanceOf(CIM) = mm_{GFCCS}$；
  - ✧ $instanceOf(PIM) = mm_{DEVS}$；
  - ✧ $instanceOf(PSM) = mm_{JAVA}$；

- $SL = \{ATL, Acceleo\}$ 是模型转换语言集；

- $pl = JAVA$ 是最后的编程语言；

- $MTP = \{p_{CIM}, p_{PIM}, p_{PSM}\}$，有
  - ✧ $p_{CIM} = \{l_0(mm_{GFCCS}), l_1(mm_{DEVS}), gfccs2devs.atl\}$；
  - ✧ $p_{PIM} = \{l_1(mm_{DEVS}), l_2(mm_{JAVA}), devs2java.atl\}$；
  - ✧ $p_{PSM} = \{l_2(mm_{JAVA}), JAVA, java2code.mtl\}$；

- $STP = \varnothing$ 是附加的模型转换模式集；

- $MT = \{$

  $transformTo(CIM, p_{CIM}) = PIM,$

  $transformTo(PIM, p_{PIM}) = PSM,$

  $transformTo(PSM, p_{PSM}) = SM$

  $\}$；

- SM 是最终可执行仿真模型；

- $TO = \{ATL, Acceleo, EMF, GMF, Eclipse\_IDE\}$。

6.3.2　相关实现技术

实现上述过程主要涉及两类技术。一类是元建模技术，包括 GFCCS 元模型、P-DEVS 元模型和 JAVA 元模型，它们均采用 EMF 进行定义。另一类是模型转换技术，包括 M2M 和 M2T 技术，分别采用 ATL 和 Acceleo 进行实现。

1. GFCCS 元模型

GFCCS 元模型作为本案例的 CIM 元模型，在上文已有详细介绍。这里着重介绍 PIM 的 P-DEVS 元模型和 PSM 的 JAVA 元模型。

2. P-DEVS 元模型

P-DEVS 扩展了传统 DEVS（Classic DEVS）对并行仿真的支持。然而，P-DEVS 仍属于有限和确定性 DEVS（Finite and Deterministic DEVS, FD-DEVS），不能描述包括非确定性状态转移在内的复杂行为。其建模语言为 DEVSML 2.0[12]。

原子 P-DEVS 模型的定义如下：

$$M = (IP, OP, X, S, Y, \delta_{int}, \delta_{ext}, \delta_{con}, \lambda, ta) \tag{6.1}$$

其中，

- IP 和 OP 是输入、输出端口；
- X 和 Y 是输入、输出集，$X = \{(p,v) \mid p \in IP, v \in dom(p)\}$，$Y = \{(p,v) \mid p \in OP, v \in dom(p)\}$，$v$ 是输入、输出的数据值，dom 是值域函数；
- S 是状态集；
- $\delta_{int} : S \to S$ 是内部转移函数；
- $\delta_{ext} : Q \times X \to S$ 是外部转移函数，$Q = \{(s,e) \mid s \in S, 0 \leqslant e \leqslant ta(s)\}$ 是状态全集，e 是状态停留在状态 s 的时间量；
- δ_{con} 是冲突处理函数，决定内部事件和外部事件同时发生时的内部和外部转移函数的执行顺序；
- $\lambda : S \to Y$ 是输出函数；
- $ta : S \to R_{0,\infty}^{+}$ 是时间推进函数。

耦合 P-DEVS 模型除了没有 Classic DEVS 的 $Select : 2^{D} - \{\} \to D$ 函数，其余一样，定义为：

$$N = (IP, OP, X, Y, D, EIC, EOC, IC) \tag{6.2}$$

式中，

- *IP* 和 *OP* 是输入、输出端口；

- *X* 和 *Y* 是输入、输出集；

- *D* 是组件集，表示已定义的原子模型和耦合模型的集合；

- *EIC*、*EOC* 和 *IC* 分别表示外部输入连接、外部输出连接和内部连接。

由于基于 P-DEVS 的 DEVSML 2.0 并不支持对非确定性状态转移的描述，且其冲突处理函数无法处理同时到达的由多个外部事件引起的状态转移冲突，因此经过扩展的 DEVS 还需要以下定义[13]。

（1）I/O 变量。

I/O 变量可以是简单的数据类型，也可以是队列或堆栈，它是存储输入、输出事件的集合，起到容器缓冲的作用，不让同时到达的事件因为冲突而丢失。

$$v_x = Rev(x)，\quad y = Sed(v_y)，\quad v_y = DP(v_x)$$

其中，*Rev* 为输入接口函数，*Sed* 为输出接口函数，*DP* 是 v_x 到 v_y 的处理函数。

（2）条件状态转移。

确定性状态转移（Deterministic State Transition，DST）和非确定性状态转移（Nondeterministic State Transition，NST）的定义如下。

$$DST = \delta : S \times X \to S \tag{6.3}$$

$$NST = \delta : S \times X \to P(S) \tag{6.4}$$

式中，$P(S)$ 表示 S 的幂集。

条件状态转移定义如下。

$$CST = \delta : S \times X \times C \to S \tag{6.5}$$

式中，*C* 是约束条件集，表示当某个约束条件满足时状态转移才发生，实现同一个输入事件触发不同的状态转移。

（3）附加功能。

使用现有的计算机语言定义方法或工具（如 Xtext）可以描述更为复杂的控制逻辑和详细的动作行为，从而增强语言的表达能力。

根据 P-DEVS 的定义，其基于 Ecore 的元模型如图 6-6 所示。

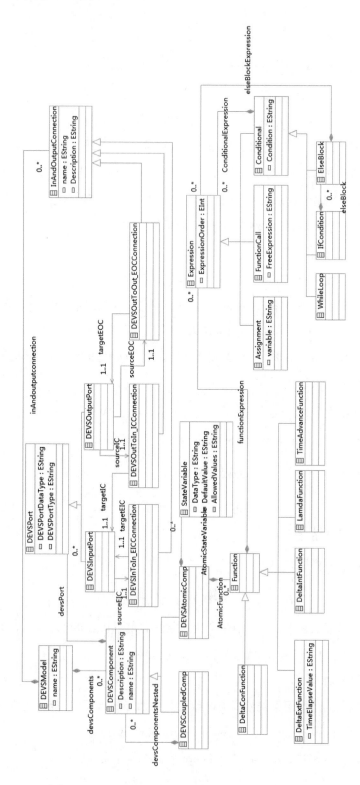

图 6-6　P-DEVS 基于 Ecore 的元模型

3．JAVA 元模型

在 MDA 过程中，JAVA 元模型（见图 6-7）扮演 PSM 的角色。JavaPackage 表示包，由多个 JavaClass 组成。JavaClass 包含 JavaImport、JavaVariable 和 JavaFunction，分别表示导入库、Java 变量和 Java 函数。Java 函数包括 JavaMethod 和 JavaConstructor 两种类型，这两种类型的函数又可以包括多个表达式（JavaExpression）。

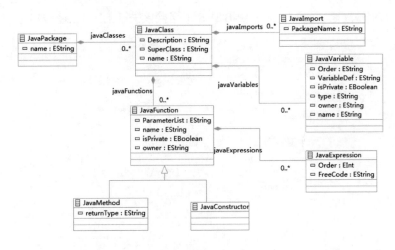

图 6-7　JAVA 元模型

4．ATL、Acceleo 模型转换技术

如前所述，实现 M2M 的典型转换技术包括 ATL 和 QVT。GFCCS（CIM）到 DEVS（PIM）再到 JAVA（PSM）的 M2M 转换过程采用 ATL 实现。

为提高代码生成效率，自动代码生成技术是 MDE 中的重要研究内容。一旦 PSM 的 JAVA 模型创建完成，就需要将这些模型转换为可执行的 Java 代码。基于模板的 Acceleo 的核心是设计转换模板，这些模板规定了输入模型的格式、模型到代码的转换规则及生成代码的样式。

6.3.3　具体转换过程

根据上述定义，基于 MDA 的 GFCCS 仿真建模过程分为三个具体过程：

GFCCS 到 P-DEVS 的模型转换（CIM-PIM）、P-DEVS 到 JAVA 的模型转换（PIM-PSM），以及 JAVA 模型到源代码的生成（PSM-SM）。

采用上文建立的 GFCCS 实例作为 CIM 将其转换为 P-DEVS 的 PSM。在这个转换过程中，EIC 和 EOC 的个数与某个关联跨越的节点嵌套层次有关。基于 MDA 的 GFCCS 仿真建模过程示例如图 6-8 所示。如果 GFCCS 中某个关联的源端跨越了 m 层，则在 P-DEVS 中连接该关联的源端点会有 m 个 EOC；如果其末端跨越了 n 层，则在 P-DEVS 中连接该关联的末端点一般会有 n 个 EIC。

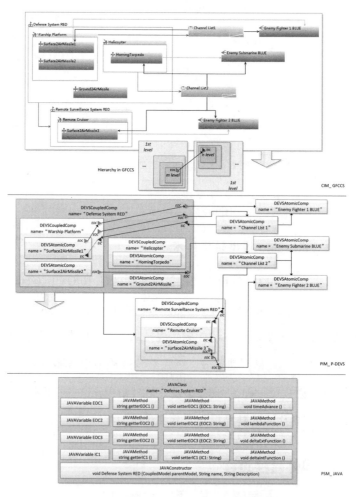

图 6-8　基于 MDA 的 GFCCS 仿真建模过程示例

1. GFCCS 到 P-DEVS 的转换

GFCCS 到 P-DEVS 转换的模型元素匹配关系如表 6-1 所示。

表 6-1　GFCCS 到 P-DEVS 转换的模型元素匹配关系

GFCCS 元模型	P-DEVS 元模型
GroupFireControlSystem	DEVSModel
Group	DEVSCoupledComp
GroupNode	DEVSCoupledComp
Channel	DEVSAtomicComp
Weapon	DEVSAtomicComp
Target	DEVSAtomicComp
COPShare	DEVSOutToIn_ICConnection
disjointWith	DEVSOutToIn_ICConnection
affliated	DEVSOutToIn_ICConnection
fireControl	DEVSOutToOut_ICConnection + Source.out: DEVSOutputPort + Target.in: DEVSOutputPort + SourceParents.EOC Ports: DEVSOutputPort
mutualExclusive	DEVSOutToIn_ICConnection
taretList	DEVSOutToIn_ICConnection
assigned	DEVSOutToOut_ICConnection + Source.out: DEVSOutputPort + Target.in: DEVSOutputPort + SourceParents.EOC Ports: DEVSOutputPort
weaponList	DEVSInToIn_ICConnection + Source.out: DEVSInputPort + Target.in: DEVSInputPort + SourceParents.EIC Ports: DEVSInputPort

GFCCS 到 P-DEVS 的 ATL 转换如图 6-9 所示。图 6-9 左边展示了项目文件，包括元模型、模型实例、转换引擎 3 个文件夹；右边则展示了一个 GFCCS 实例、GFCCS 到 P-DEVS 转换的规则，以及基于 ATL 转换得到的 P-DEVS 实例。

2. P-DEVS 到 JAVA 的转换

P-DEVS 到 JAVA 转换的模型元素匹配关系如表 6-2 所示。

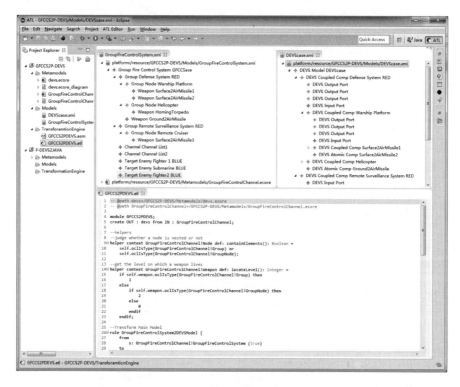

图 6-9　GFCCS 到 P-DEVS 的 ATL 转换

表 6-2　P-DEVS 到 JAVA 转换的模型元素匹配关系

P-DEVS 元模型	JAVA 元模型
DEVSModel	JAVAPackage + javaClasses: JAVAClass + javaConstructors: JAVAConstructor + javaExpressions: JAVAExpression
DEVSCoupledComp	JAVAClass +JAVAVariable + javaConstructors: JAVAConstructor + javaExpressions: JAVAExpression
DEVSAtomicComp	JAVAClass +JAVAVariable + javaConstructors: JAVAConstructor + javaExpressions: JAVAExpression
DEVSInputPort	JAVAVariable
DEVSOutputPort	JAVAVariable
StateVariable	JAVAVariable
DEVSOutToIn_ICConnection	JAVAExpression

（续表）

P-DEVS 元模型	JAVA 元模型
DEVSInToIn_EICConnection	JAVAExpression
DEVSOutToOut_EOCConnection	JAVAExpression
Expression	JAVAExpression
DeltaIntFunction	JAVAMethod
DeltaExtFunction	JAVAMethod
LambdaFunction	JAVAMethod
TimeAdvanceFunction	JAVAMethod
DeltaConFunction	JAVAMethod

P-DEVS 到 JAVA 的 ATL 转换如图 6-10 所示，DEVScase.xmi 为需要转换的源模型，PDEVS2JAVA.alt 是用 ATL 写的转换模板，JAVAcase.xmi 为转换得到的目标模型。

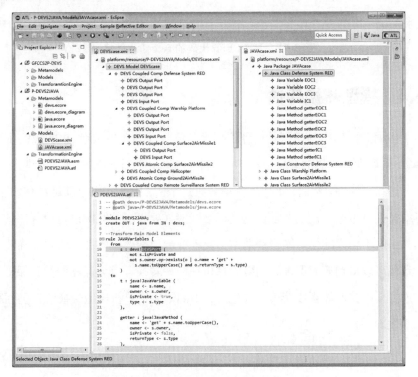

图 6-10　P-DEVS 到 JAVA 的 ATL 转换

3．JAVA 模型到源代码的转换

JAVA 到源代码的 Acceleo 转换如图 6-11 所示。其中，JAVAcase.xmi 表

示源模型，JAVA2CodeEngine.mtl 是使用 Acceleo 编写的转换模板，Defense_System_RED.java 是生成的 JAVA 代码。

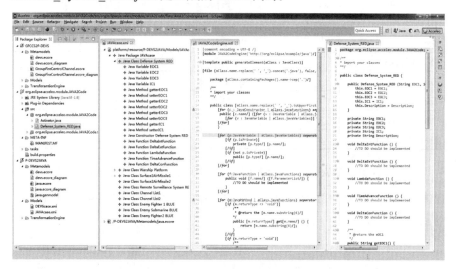

图 6-11　JAVA 到源代码的 Acceleo 转换

6.4　模型转换评估

根据前面列出的模型转换评价标准，结合 GFCCS 先到 P-DEVS 再到 JAVA 最后到源代码的转换过程，首先能明显看出该实现过程满足了终止性、唯一性和可读性。然而，上述示例毕竟只是个例，因此不完全满足对有效性、可维护性、可拓展性的要求，这类标准一般需要更多的案例进行论证评估。其次，由于生成的模型编辑器通常会自动检测模型的正确性，因此精确性和一致性可以得到充分保证，而健壮性可在模型转换语言编译器中得到保证。考虑到模型转换能否成功有效地进行，下面聚焦于分析模型转换的正确性和完整性。

1. 目标模型的语法正确性

前面已提及，如果目标模型符合目标元模型，那么称该模型转换在语法上是正确的。然而，我们在编写模型转换规则时所使用的语言和编译器并不能确保目标模型的正确性，所以必须人为地确保目标模型的正确性。例如，在编写模型转换规则时可以为某一变量赋多种类型的值，但目标元模型并不总是能支持所有的种类。因此，目标模型的正确性通常通过仔细检查转换规则，或者通过增强规则编写工具的功能来确保。在本例中，我们可以通过先在 Eclipse 环境中注册元模型，然后验证得到的目标模型是否符合注册的元模型，从而得出该模型转换在语法上是否正确。

2. 模型转换的完整性

完整性一般通过测量源元模型和目标元模型的模型元素用于模型转换的覆盖率来评估。源元模型覆盖率体现在模型转换中应用到的源元模型中的模型元素量，而目标元模型覆盖率则体现所生成的目标模型的准确性。在本章的示例中，ATL 编写的转换引擎完全覆盖了源元模型和目标元模型的所有元素，而对于代码生成，只提供了源元模型覆盖率，没有体现目标元模型覆盖率，这是因为仅用到了 Java 编程语言的一小部分元素。因此，该模型转换提供了完整性以保留和重用源模型中的结构和信息。在转换中，源模型和目标模型中也确保了标签的相似性，假设在现有信息基础上的增加或扩展不会引起信息的丢失。例如，名为 "Defense System RED" 的模型组件在代码生成中转换为了 "Defense_System_RED"，同样认为该转换能保留信息，因为在该转换中想要获得原来的名字也是简单可行的。

3. 模型转换的语义正确性

假设模型 a 转换为模型 b，那么模型 b 需要保留模型 a 的语义，即模型转换的语义正确性，因为只有连续的模型转换才是有用和有意义的。语义正确性可以通过执行语义映射并对比映射结果来核查，检查语义正确性的方法通常有追踪等值（trace equivalence）、双向仿真（bisimulation）和行为等值（behavioral equivalence）。

在追踪等值法中，模型的行为被看成一系列踪迹，模型的踪迹指一个可能的执行片段，它通常是标签的有序列表，表示在一个执行片段中按时间序列发生的事件。通常认为，当且仅当两个模型产生相等的踪迹集合时，这两个模型是踪迹等值的，即若 $Tr(m)$ 为模型 m 的踪迹集合，其元素称为 m 的一个踪迹，则当且仅当 $Tr(m_1) \cong Tr(m_2)$ [14]时， m_1 和 m_2 踪迹等值。另外，如果 $Tr(m_1) \subseteq Tr(m_2)$ ，则有 $Tr(m_1) \cong Tr(m_2)$ 。例如，本章示例中的 GFCCS 到 P-DEVS 的转换，前者的每个部分都映射到了一个或多个后者的元素，所以其语义是正确的；而 P-DEVS 到 JAVA 的转换是根据 P-DEVS 的操作语义执行的，P-DEVS 模型的语义能够在 JAVA 模型中得到完全保留；最后代码生成是一个一一映射的过程，显然它也是语义正确的。

6.5　小结

前面章节着重从纵向上探讨了如何提高模型的抽象层次，从而建立良好的领域特定语言，用以规范化建立领域模型。本章则主要从横向上探讨模型驱动开发过程中的模型转换技术。首先，介绍了模型转换的概念及基本模式，借鉴了软件工程中常用的评价标准来衡量模型转换，同时基于 MDA 介绍了通用的仿真模型开发过程。其次，建立了形式化的模型转换理论体系，以支撑良构的模型转换过程。再次，基于上述定义实现了 GFCCS 的模型驱动开发过程，即从 GFCCS 到 P-DEVS 再到 JAVA 的模型转换过程。最后，运用前面介绍的模型转换评价标准，论述了该案例的模型连续性。分析结果表明，基于 MDA 的 GFCCS 仿真建模过程在很大程度上能支持模型的正确性和完整性，但需要更多的应用和实验来验证其中的可维护性、可拓展性及有效性。

参考文献

[1] EHRIG H, ERMEL C. Semantical correctness and completeness of model transformations using graph and rule transformation[C]//In Proceedings of the 4th International Conference on Graph Transformations. Leicester, UK, September 2008: 194–210.

[2] MENS T, GORP P V. A taxonomy of model transformation[J]. Electronic Notes in Theoretical Computer Science, 2006, 152(1-2): 125–142.

[3] AGRAWAL A, SIMON G, KARSAI G. Semantic translation of Simulink/stateflow models to hybrid automata using graph transformations[J]. Electronic Notes in Theoretical Computer Science, 2004, 109(1): 43–56.

[4] OMG. Meta object facility (MOF) 2.0 Query/View/Transformation (QVT)[EB/OL]. (2008-04-03)[2024-04-25]. http://www.omg.org/spec/QVT/1.0/PDF.

[5] OMG. Meta object facility (MOF) core specification version 2.0[EB/OL](2006-01-01) [2024-04-25]. http://www.omg.org/spec/MOF/2.0/.

[6] JOUAULT F, ALLILAIRE F, BÉZIVIN J, et al. ATL: A model transformation tool[J]. Science of Computer Programming, 2007, 72(1): 31–39.

[7] GHEZZI C, JAZAYERI M, MANDRIOLI D. Fundamentals of software engineering[M]. 2nd Ed. NY: Prentice Hall, 2002.

[8] BALCI O. A life cycle for modeling and simulation[J]. Simulation, 2012, 88(7): 870–883.

[9] GREENSPAN S, MYLOPOULOS J, BORGIDA A. On formal requirements modeling languages: RML revisited[C]//In Proceedings of the International Conference on Software Engineering. Sorrento, Italy, May 1994: 135–147.

[10] OLIVÉ A. Conceptual modeling of information systems[M]. Berlin: Springer-Verlag, 2007.

[11] PETERSON J L. Petri Net theory and the modeling of systems[M]. Upper Saddle River, NJ: Prentice Hall, 1981.

[12] MITTAL S, DOUGLASS S A. DEVSML 2.0: The Language and the Stack[C]//In Proceedings of the 2012 Symposium on Theory of Modeling and Simulation-DEVS Integrative M&S Symposium. Orlando, FL, March 2012: 1–12.

[13] 胡建鹏, 黄林鹏. 基于 P-DEVS 的可执行体系结构建模与仿真方法[J]. 系统仿真学报, 2016, 28(2): 283–291.

[14] NAIN S, VARDI M Y. Trace semantics is fully abstract[C]//In Proceedings of the 24th Annual IEEE Symposium on Logic in Computer Science. Los Angeles, CA, August 2009: 59–68.

第 7 章

综合仿真应用案例

要真正实现仿真模型在语义层面上的可组合性，需要采用一种良构的机制来完成对众多模型模块的分类和梳理，以为不同的模型资源提供公共且有效的管理，从而实现对模型资源的快速、准确定位。此外，该机制还应能够运用相关的抽象建模技术，在实现层面上有效组织众多仿真模型模块，约束和指导各相关仿真模型的快速开发，并预先抽象描述各模型组件之间的组合关系，以支持模型组件在运行时的语义可组合性，实现已有模型的高效复用。模型框架体系即为这一机制。本章以作战效能仿真系统（Combat Effectiveness Simulation System，CESS）为例，建立了装备体系仿真模型框架，并实现了网络化防空反导、直升机联合反潜、弹道导弹突防等三类体系对抗组合仿真。

7.1　仿真应用开发基础

7.1.1　知识领域架构

当前，装备体系仿真应用系统呈现出多领域、多学科等复杂性。例如，CESS 一般包括静态结构域、物理行为域和认知行为域，涉及作战平台、武器、探测、干扰、通信等多个子领域，每个子领域又包括多个学科门类，如作战平台包括飞机、舰船、指挥车等。为了减少 CESS 的复杂性，可以从两个角度对其知识体系进行分解：一是领域分解；二是知识抽象。该分解方式将 CESS 从不同的角度划分成不同的部分，以降低系统定义的复杂性，如图 7-1 所示。

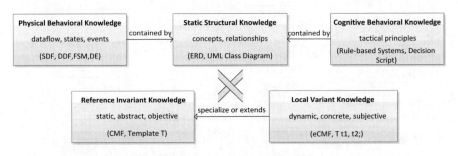

图 7-1　装备体系仿真领域知识分解

7.1.2　顶层模型框架

图 7-2 所示为 CESS ontoCMFs，它是基于模型框架的典型 CESS 知识体系。F2 层作为顶层模型框架，它包含了最基础的概念和接口关系。在这一层次上，我们选择了 tmGroup、tmCounterMeasure、tmPlatform、tmWeapon 和 tmSensor 作为扩展点，并在 F1 层分别为它们建立了模型框架。F1 层是在 F2 层模型框架的基础上，对每一个实体和关系进行的扩展或实例化。除了各个重要领域的模型框架，图 7-2 中还使用了本体标识法对 tmPlatform 的子实体 tmSurfaceObject 进行了标识，标识为一个战术本体。该本体涵盖了防空（AirDefense）和反潜（AntiSub）两大战术方向。反潜战术根据所使用的水下目标搜索装备，可细分为两大类型：一类使用声呐浮标，包括方形（Square）、圆形（Circle）和三角形（Triangle）三种搜索方案；另一类与直升机联合使用吊放声呐，包括线形展开（Line Spread）、平行来回（Parallel Round）和螺旋搜索（Helix Square）三种搜索方式。F0 层是基于上述模型框架中的实体和关系构建的具体想定，包括红蓝双方：红方主要包括一艘水面舰艇、一架直升机及它们的探测器和武器；蓝方则是一艘携带自己的探测装备和武器装备的潜艇。

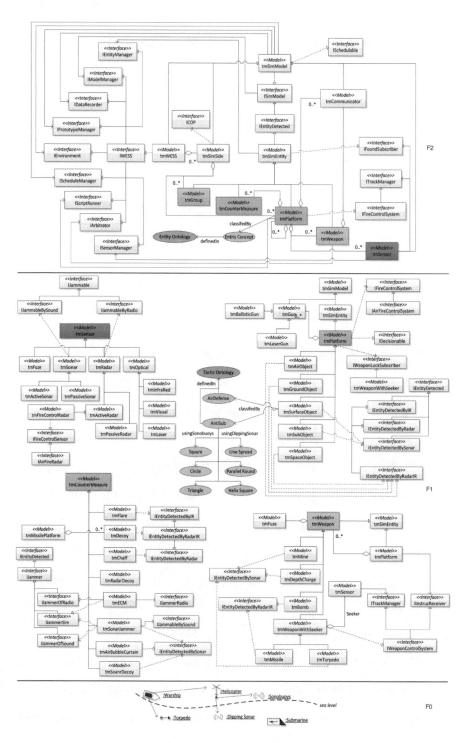

图 7-2　CESS ontoCMFs

7.1.3　仿真应用平台

装备体系作战效能仿真系统是一个通用、可扩展的装备效能仿真平台。该平台专注于平台交战级仿真，采用可扩展的模型框架体系，具备独立灵活的认知决策脚本化设计、型号化数据管理、想定编辑与实验设计，以及脚本化综合分析等功能，以满足多样化的军事应用开发和分析需求[1]。

1．应用流程

系统可根据不同的系统使用人员被主要分为 3 个应用流程，如图 7-3 所示。仿真建模人员负责系统维护扩展流程，包括系统概念分析、模型框架设计、代码生成、工具修改、模型集成与测试。仿真应用人员则涉及效能仿真应用流程和事后回放流程，涵盖型号数据准备、想定编辑、实验设计、决策建模、仿真实验运行、表现和评估分析等环节。

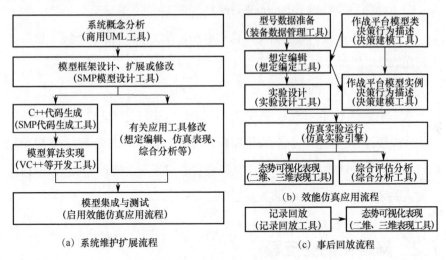

图 7-3　系统应用流程

2．行为建模机制

具体的行为模型表达机制主要有 6 类。

（1）任务机制（PlatformTask）。

任务（Task）是一段独立的脚本，在指定的时刻被模型框架调用。每个平台模型默认有一个主任务（MainTask），模型框架将在每个决策时刻调用一次主任务。

（2）战术机制（TargetTactic）。

战术是一类特殊的任务。每个战术对应一个平台目标（tcPlatformTarget），可以为每个平台目标安排多个战术。

（3）记忆机制（MemoryVariable）。

内存变量是在脚本中为平台（tmPlatform）及平台目标额外定义认知变量的机制。内存变量的值完全由脚本控制，并由脚本访问。

（4）内部事件机制（InternalEvent）。

内部事件是由 WESS 系统物理信息域行为模型所触发的有认知意义的事件，如发现目标（TargetFound）、路径点到达（WaypointReached）、武器摧毁目标（WeaponSuccess）等。

（5）外部事件机制（ExternalEvent）。

外部事件是在脚本层面调度的认知事件，触发时机由脚本设定，模型框架将在触发时机满足时触发外部事件的回调脚本。

（6）状态机制（Phase）。

状态机制将平台的作战过程分为不同阶段并进行建模。将主任务按照不同的作战阶段分别安排不同的决策逻辑，形成多个状态处理函数。在应用状态机制进行决策建模之前，一般应先通过状态图等方法绘制不同作战阶段及其转换关系和转换条件，再将其映射到脚本中。

7.2　网络化防空反导

防空反导技术的演进与空袭技术的更新息息相关。面对空袭目标的多样化、高速化、隐身化，空袭方式的超视距化、饱和攻击和电子干扰等挑战，以及对高自我生存和高毁伤能力的需求，将网络中心战引入防空反导体系的研究，并塑造新环境下的防空作战样式，已成为必然选择和发展趋势[2]。

7.2.1　体系结构

网络化防空反导体系由多种探测制导设备、拦截干扰武器和可变中心的指挥节点通过分布式网络连接实现，以对空袭目标进行电子对抗并实施拦截。这种战术级、一体化、灵活高效的作战体系[3-4]通过网络化实现了防空作战体系中武器装备和作战单元的信息共享和协同作战。与以往的平台中心战或树状体系结构相比，网络化防空反导体系具有明显优势，它可以形成超视距拦截、接力制导、捕获提示及远程发射交战等新型防空作战样式，从而大幅提高整个体系的反应速度和一体化作战效能[5-6]。

1．功能组成

网络化防空反导体系是以通信网为物理基础，采用跟踪制导网、指挥控制网和拦截兵器网构成的适应于现代空袭体系的视线外攻击、饱和攻击、隐身和电子干扰攻击等多样化空袭样式的作战体系。其具有分布式一体化、无节点、网络化等新特点。分布式一体化指单元分布在不同的物理空间；无节点指体系中无中心节点，即任何一个成员都可以承担该体系中管理、规划和分配作战资源的任务；网络化指防空反导体系基于网络通信，网络是其物理基础。

图 7-4 所示为网络化防空反导体系结构，主要包括跟踪制导网、拦截兵器网和指挥控制网三个部分。跟踪制导网由分布地理位置各异的传感器组成，主要用于跟踪目标和制导兵器，负责接收、处理、融合传感器的目标探测信息，并对防空导弹提供制导等功能。拦截兵器网由分布地理位置各异的拦截兵器组成，用于独立作战、协同作战和联合火力打击。指挥控制网作为网络化防空反导体系的核心，由分布地理位置各异的指挥控制中心组成，负责根据当前掌握的目标信息进行态势感知共享、分析、结算、资源分配与控制、决策和协同决策。通信网是整个网络化防空反导体系的基础设施，旨在实现跟踪制导网、拦截兵器网和指挥控制网的无缝连接。

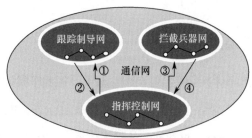

①跟踪制导设备开机指令；②武器跟踪数据、制导指令、自身状态信息；③防空导弹发射指令、发射装订数据（包括发射时刻、发射角度等）；④状态信息（包括武器剩余数量、敌我双方毁伤程度等）。

图 7-4　网络化防空反导体系结构

2．作战特点

根据隶属单元的临时组合与功能划分，网络化防空反导体系可形成捕获提示、超视距拦截、远程交战、接力制导和协同交战等网络化防空作战样式。捕获提示指远程雷达发现威胁目标后，将提示信息（包括目标状态估计、跟踪数据、敌我识别数据等）发送给本地单元，以便本地单元有充分时间进行发射防空导弹前的准备工作（包括自身状态估计、目标提示信息的融合与解算、形成本地发射车和制导雷达的开机指令等）。超视距拦截是在捕获提示信息的基础上，先根据捕获到的目标提示信息发射防空导弹，然后在威胁目标进入本地雷达探测范围内时利用本地雷达进行制导控制，此时交战控制权（计算和提供制导指令）没有移交，仍由本地单元掌握。远程交战是在捕获提示信息的基础上，本地单元基于远程信息发射防空导弹，由远程火力单元继续为本地防空导弹提供制导，此时交战控制权在远程火力单元手中，实质上是异地制导。捕获提示、超视距拦截与远程交战如图 7-5 所示[7-8]。

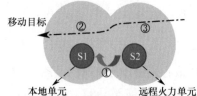

①S2 为 S1 提供目标信息（捕获提示）；②跟踪制导由 S1 提供（超视距拦截）；③跟踪制导由 S2 提供（远程交战）。

图 7-5　捕获提示、超视距拦截与远程交战

接力制导即交战控制权的转移，在某些情况下，非隶属制导节点为本地发射的防空导弹提供精准的中末端制导，同时在面对多个目标时，可以发射多枚防空导弹，分散移交交战控制权。协同交战与接力制导的区别在于战场环境的不确定性，其交战控制权的转移不是确定的，协同交战增加了制导节点间的协同概念，通过对整个跟踪制导网的全局掌握，为防空导弹提供最便捷、最精确的制导。接力制导与协同交战如图 7-6 所示。

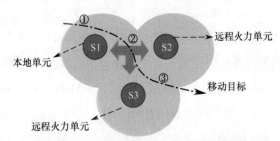

① S1 提供跟踪制导；② S1、S2、S3 协同以提供最精确的制导；
③ S2、S3 协同以提供最精确的制导。

图 7-6　接力制导与协同交战

7.2.2　可组合建模框架

可组合建模框架严格地与低层实现一一对应，有助于提升仿真的可维护性和可扩展性，使领域专家或用户能够参与仿真工程的全过程。网络化防空反导体系是典型的复杂系统仿真，其组成单元和交互关系随节点数量的增加而变得更加复杂，描述难度虽大，但组合潜力巨大。可组合建模框架是一种基于模型框架实现组合仿真的方法，旨在设计一套具有良好层次组合机制和外部扩展机制、独立于具体技术实现细节、能够适应不断变化的世界、具有长期价值的领域共性不变知识体系结构。其设计采用可组合建模框架的应用开发指导思想，针对特定应用领域，特别是像网络化防空反导系统这样的武器装备效能仿真系统，具有层次化、组件化、型号化和规范化等特点。网络化防空反导体系的模型框架和实现技术涉及广泛，本节主要从工程化的角度来论述该体系的顶层框架、决策框架、数据链接口、目标分配管理、武器状态管理、指控优选决策。

1. 顶层框架

顶层框架如图 7-7 所示。tmGroup 是体系模型框架的核心类，它实现了 IDecisionable 接口，具备决策功能。体系成员之间有两种通信机制：一种是语音，另一种是数据链。语音通信通过事件机制实现，而数据链通信则通过接口机制实现。IDataLink 是数据链通信的抽象接口，由 tmGroup 实现。tmGroup 在功能设计上扮演着整个体系共享信息的存储和中转角色，各体系成员可以通过 IDataLink 来汇报或查询态势信息。体系对每个成员信息的获取通过 IGroupNode 接口来实现，即每个成员都实现了 IGroupNode 接口。tmGroup 目前主要实现了两种体系：空中编队 tmAirGroup 和防御体系 tmDefenseGroup。IAirGroupLink 是空中编队专用的数据链接口，而 IDefenseGroupLink 是防御体系专用的数据链接口，它们都继承自 IDataLink。体系内旗舰的作用通过 Token 机制实现，IAirToken 是空中编队中长机控制编队成员的接口；而 IDefenseToken 则是防御体系中旗舰成员控制其他成员的接口。Token 机制使旗舰与体系之间形成了动态绑定关系，支持在不修改体系的情况下灵活地更换旗舰，这也是无中心节点的工程化体现。对于特殊类型的体系节点，则通过在 IGroupNode 的基础上定制相应的接口来描述，例如，防御体系中的拦截成员是一类特殊的成员，在体系进行拦截决策时，需要知道哪些节点具备接收目标分配的能力，此时可通过 IInterceptNode 接口来实现。

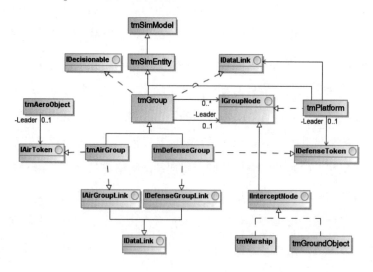

图 7-7　顶层框架

2. 决策框架

决策框架如图 7-8 所示。tcGroupMember 代表了体系内部的成员，tcGroupWeapon 是体系内部武器的表征，tcGroupTarget 代表了体系内部的目标，它们共同构成了成员-武器-目标的拦截联盟，其中，成员之间通过列表形式进行交互。首先，TargetList 和 MemberList 分别用于体系管理目标和成员的组合链接，FinderList 用于存储已经发现目标的成员，PendingTargetList 用于存储已发现但尚未分配成员攻击的目标列表，AssignedTargetList 用于为每个成员存储分配的目标列表，而 AssignedAttackerList 则用于为每个目标存储拦截节点列表。其次，Owner 和 Guider 分别用于管理武器和成员之间的隶属和制导关系。最后，OngoingWeapons 用于管理武器和目标的组合关系，表示每个目标正在被攻击的武器列表。本体系对目标和成员的管理及分配是在普通体系（tmGroup）的抽象层面进行的，tmAirGroup 和 tmDefenseGroup 继承自 tmGroup，因此这种机制也适用于空中飞机编队。防御体系的具体层面则通过 tcDefenseGroupTarget 和 tcDefenseMember 描述其特有的特征和行为。

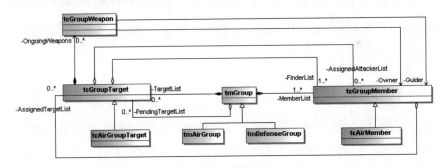

图 7-8　决策框架

3. 数据链接口

数据链接口如图 7-9 所示。IDefenseGroupLink 是专为防御体系设计的数据链接口，它继承自 IDataLink，并由 tmDefenseGroup 类实现；IDefenseToken 是防御体系中旗舰成员控制其他成员的接口，同样由 tmDefenseGroup 类实现。tmDefenseGroup 作为编队模型框架的核心类，继承自 tmGroup，在功能上扮演着整个防御体系共享信息的存储和中转角色。

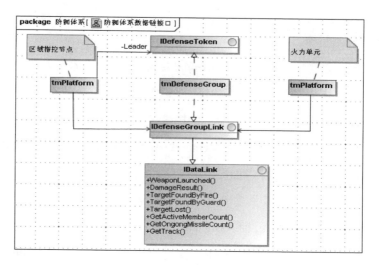

图 7-9 数据链接口

4. 目标分配管理

目标分配管理如图 7-10 所示。在体系模式下，态势信息通过体系内的态势图进行共享，各成员的态势信息经由数据链接口进行汇报，而目标的分配则由编队在态势变化时统一进行分配或调整。态势变化的数据链触发事件主要包括探测器发现目标（TargetFoundByFire）、探测器丢失目标（TargetLost）和毁伤结果汇报（DamageResult）。

5. 武器状态管理

火控武器状态指的是武器与火控之间的关系及处理机制，在网络化体系作战下，主要涉及武器发射前后火控丢失目标的情况。在这种情况下，需要判断当前是否处于体系模式下，并据此决定是否触发事件 TargetLost，以便进行网络化体系作战下的目标分配管理及处理机制。武器状态管理如图 7-11 所示。

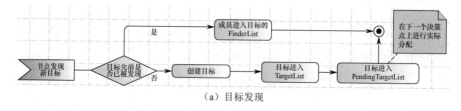

（a）目标发现

图 7-10 目标分配管理

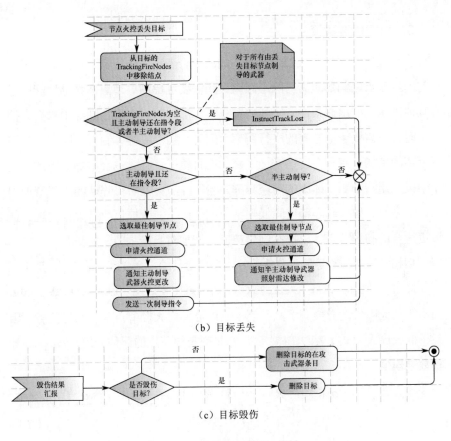

（b）目标丢失

（c）目标毁伤

图 7-10 目标分配管理（续）

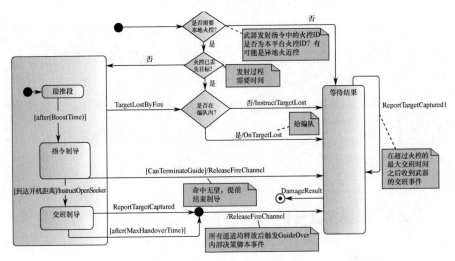

图 7-11 武器状态管理

6. 指控优选决策

在异地制导中执行火控优选时，需要综合考虑多个因素，不能只考虑目标与制导节点之间的距离。除了距离，还需要考虑制导节点本身的性能，以及其他因素，如地理条件、气候情况、兵力部署等。在指令制导中执行火控优选时，还需要考虑导弹的飞行距离。因为在指令制导体制下，随着导弹飞行距离的增加，制导精度通常会下降，而且抗干扰能力也会减弱。因此，对于中段采用指令制导体制的防空导弹，当导弹与火控防空阵地的距离增加到一定程度时，如果制导精度降低到某一阈值以下，就应该执行火控优选，选择更适合的制导节点，以提高制导精度，增加对目标的毁伤概率。

用指数法评估制导节点分值的好处是只要其中一个要素分值为 0，那么总得分就为 0。例如，在某个火控节点中，若要素中雷达剩余通道为 0（ $N_{\text{left}}=0$），则不管其他因素的分值有多高，都不应该选择此火控节点承担制导任务。因代码框架庞大，式（7.1）仅展示了 T 时刻制导节点的评估分值 $quality$ 的计算数学模型。

$$quality = \left(\frac{\sigma}{\bar{\sigma}}\right)^{u_1} \times \left(\frac{R}{R_{\text{Target}}}\right)^{u_2} \times \left(\frac{R}{R_{\text{Weapon}}}\right)^{u_3} \times \left(\frac{N_{\text{Left}}}{N}\right)^{u_4} \times \left(\frac{\alpha}{360}\right)^{u_5} \times$$
$$\left(\frac{\beta}{180}\right)^{u_6} \times \left(\frac{1}{e_1}\right)^{u_7} \times \left(\frac{1}{e_2}\right)^{u_8} \quad (7.1)$$

式中，$quality$ 为火控的评分值，σ 为雷达探测 RCS（不同的目标与阵地方位相对于不同的雷达探测到的 RCS），$\bar{\sigma}$ 为目标最大 RCS 值（定值），R 为制导雷达最大作用距离，R_{Target} 为平台到目标的距离，R_{Weapon} 为平台到导弹的距离，N 为目标最大 RCS 值（定值），N_{Left} 为雷达剩余通道数，α 为雷达最大方位角，β 为雷达最大俯仰角，e_1 为距离分辨率，e_2 为角度分辨率，μ_i 为幂指数，$1 \leqslant i \leqslant 8$，且 $\sum\limits_{i=1}^{8} u_i = 1$。

7.2.3 仿真实验分析

1. 想定编辑

设定单机突防的防御体系由一个阵地和两艘战舰组成，并形成了一种联合防空反导体系，基于可组合建模框架实现地上和水上的联合防空反导。这种架构也可以扩展到其他形式的防空反导系统。参与对抗的双方模型包括机场、固定翼飞机、空面导弹、机载火控雷达、导弹告警器、防空阵地、地基雷达、地空导弹及战舰等。飞机设定了 4 个航路点，关键模型的想定数据如表 7-1 所示。

表 7-1 关键模型的想定数据

双　　方	实　体	航路点（坐标-高程/m-速度/(m/s)）		
红方	机场	(121.48, 25.05)		
	飞机	(121.50, 25.06)	5000	500
		(119.79, 26.42)	4000	400
		(119.63, 25.72)	4000	400
		(121.50, 25.06)	2000	200
蓝方	防空阵地	(119.28, 26.09)		
	战舰 A	(120.46, 26.86)	(119.77, 26.13)	
	战舰 B	(119.77, 26.13)	(119.77, 26.13)	

可组合建模框架应该具备良好的组合性，不仅支持防空阵地混编群网络化防空反导，还能支持如飞机编队、舰队及它们之间的交叉混编，从而形成海、陆、空、天、电组合的联合防空。本实验面向地上和海上的混编防空，单机突防舰队阵地混编群实验配置如表 7-2 所示。

表 7-2 单机突防舰队阵地混编群实验配置

实验方法	飞机突破由 1 个阵地、2 艘战舰组成的防御体系，观察其突防毁伤情况
兵力配置	为体现防御体系的网络化防空反导，战舰各装配 1 枚面空导弹、1 架面基雷达，阵地装配 1 架面基雷达、6 枚面空导弹，飞机装配 2 架机载雷达、2 架导弹告警器、4 枚面空导弹
实验条件	战舰弹药耗尽，防御失败，退出仿真；飞机弹药耗尽，突防失败，加力盘旋 180 度返航

2．仿真过程分析

网络化防空反导仿真运行结果如图 7-12 所示，方框展示了网络化防空反导体系根据实时作战态势灵活处理[雷达-导弹-目标]的火控关系。可以观察到，火控关系中的目标既包括飞机又包括反辐射导弹，同一导弹的制导雷达也发生了更换。

```
472.000: 建立火控关系：[爱国者_1]+[PAC3_1]->[飞机]
472.000: 建立火控关系：[爱国者_1]+[PAC3_2]->[飞机]
474.000: [脚本] 发现目标:Kh_25_MP_1
474.000: [脚本] 空袭目标(拦截弹)，启动防空程序
474.000: 体系分配目标：Kh_25_MP_1，制导节点为：防空阵地
474.000: [脚本] 分配目标:Kh_25_MP_1
474.000: [脚本] 空袭目标(拦截弹)，启动防空程序
475.000: 建立火控关系：[爱国者_1]+[PAC3_3]->[Kh_25_MP_1]
475.000: 建立火控关系：[爱国者_1]+[PAC3_4]->[Kh_25_MP_1]
477.000: [脚本] 发现目标:Kh_25_MP_2
477.000: [脚本] 空袭目标(拦截弹)，启动防空程序
477.000: 体系分配目标：Kh_25_MP_2，制导节点为：防空阵地
477.000: [脚本] 分配目标:Kh_25_MP_2
477.000: [脚本] 空袭目标(拦截弹)，启动防空程序
478.000: 建立火控关系：[爱国者_1]+[PAC3_5]->[Kh_25_MP_2]
478.000: 建立火控关系：[爱国者_1]+[PAC3_6]->[Kh_25_MP_2]
```

（a）模型消息_防空阵地

```
528.000: 体系分配目标：Kh_25_MP_3，制导节点为：巡航舰A
528.000: 体系分配目标：Kh_25_MP_4，制导节点为：巡航舰A
528.000: 建立火控关系：[MR_90_1]+[SA_N_6_3]->[Kh_25_MP_3]
528.000: 建立火控关系：[MR_90_1]+[SA_N_6_4]->[Kh_25_MP_4]
538.000: 建立火控关系：[MR_90_1]+[PAC3_1]->[飞机]
538.000: 建立火控关系：[MR_90_1]+[PAC3_2]->[飞机]
538.000: 朝目标Kh_25_MP_3发射SA-N-6型面空导弹[SA_N_6_3]
548.000: 朝目标Kh_25_MP_4发射SA-N-6型面空导弹[SA_N_6_4]
```

（b）模型消息_战舰A

```
153.000: 体系分配目标：飞机，制导节点为：巡航舰B
153.000: 建立火控关系：[MR_90_2]+[SA_N_6_1]->[飞机]
163.000: 朝目标飞机发射SA-N-6型面空导弹 [SA_N_6_1]
240.421: 武器SA_N_6_1汇报已捕获目标.
240.421: 火控结束对目标[飞机]的制导.
240.421: 火控已完成了所有制导任务.
252.266: 武器SA_N_6_1攻击目标飞机失败,爆炸点到目标距离为8915.062500米
255.000: 体系分配目标：飞机，制导节点为：巡航舰B
255.000: 建立火控关系：[MR_90_2]+[SA_N_6_2]->[飞机]
265.000: 朝目标飞机发射SA-N-6型面空导弹 [SA_N_6_2]
```

（c）模型消息_战舰B

图 7-12　网络化防空反导仿真运行结果

3．二维表现

网络化防空反导二维表现如图 7-13 所示。飞机率先进入战舰 B 的攻击范围，导致战舰 B 进行了两次拦截，每次消耗一枚导弹。随后，飞机发现防空阵地，采取发射反辐射导弹的策略进行压制。防空阵地察觉到反辐射导弹并尝试进行反导，但失败了。随后，反辐射导弹偏离防空阵地着地，攻击失效。飞机再次发射反辐射导弹进行攻击，导致防空阵地雷达失效。最终，飞机消耗了四枚反辐射导弹后成功返航。

具体实验过程分为 3 个对抗阶段：首先，飞机进入战舰 B 的射程范围，战舰 B 发射面空导弹 1 进行拦截，但拦截失败，随后发射面空导弹 2 进行再次拦截；其次，面空导弹 2 拦截失败，飞机探测到防空阵地，发射反辐射导弹 1/2 进行攻击；最后，反辐射导弹 1/2 攻击失败，飞机发射反辐射导弹 3/4 进行再次攻击，弹药耗尽后，进行加力盘旋 180 度返航；防空阵地发现面空导弹 1/2，发射 PAC_1/2 进行反导拦截，但拦截失败，然后发射 PAC-3/4 拦截飞机。

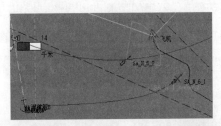

图 7-13　网络化防空反导二维表现

7.3　直升机联合反潜

面对装备体系仿真领域亟待解决的模型可重用、仿真可组合、系统可演化等需求，本节采用装备体系仿真系统集成多个反潜战术的仿真实现案例。在改变战术时，无须重新编辑假设，更无须重新开发相关模型，只需在决策脚本中修改决策参数即可实现仿真模型的组合重用。

7.3.1　典型反潜战术

在海战中，声呐是主要的探测装备之一。直升机反潜所用的探测设备主要包括吊放声呐和声呐浮标。吊放声呐在直升机到达悬停点时下放，经一定时间后收回。直升机通过下放电缆来传输水下信号。声呐浮标由直升机发射后不回收，通过水面无线装置传输水下信号。两种设备在单独使用时探测能力有限，因此需要规划直升机航路点以形成特定的阵列进行布放。

1．吊放声呐

直升机到达悬停点后下放吊放声呐，当吊放声呐下放至工作深度时启动工作模式。直升机下放吊放声呐时的悬停位置需根据吊放声呐的最大探测距离和不同的战术决策确定。不同的吊放点组合形成特定的搜索形态。吊放声呐搜索的路径规划如图 7-14 所示。下面介绍直升机反潜的吊放声呐螺旋式方形搜索、平行来回式搜索和直线拦截搜索这 3 种方式。

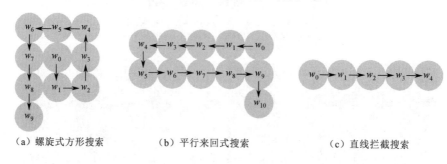

（a）螺旋式方形搜索　　　　（b）平行来回式搜索　　　　（c）直线拦截搜索

图 7-14　吊放声呐搜索的路径规划

（1）螺旋式方形搜索。

螺旋式方形搜索是以应召点为中心，由里至外不断扩大范围的搜索方式，其主要应用于应召搜索。一般情况下，当相邻两路径点之间的距离 d 满足 $r \leqslant d \leqslant 2r$（ r 为吊放声呐最大探测距离）时，搜索效果较好，因为此时直升机搜索范围内空隙较小，潜艇逃逸概率较小。图 7-14（a）所示为当 $d = 2r$，$N = 10$ 时的螺旋式方形搜索。

其中，$w_i(x, y)$ 为第 i 个点 w_i 的坐标，$w_{i+1}(x, y)$ 是由 w_i 经方向（下、右、上、左）运动到的第 $i+1$ 个点 w_{i+1} 的坐标，N 为直升机计划路径总点数，$w_{i+1}(x, y)$ 可由以下命令计算得出：

$$\textbf{if } a = 1 \textbf{ then } \{x_{i+1} = x_i; y_{i+1} = y_i - 2r;\}$$

$$\textbf{else } if\, a = 2 \textbf{ then } \{x_{i+1} = x_i + 2r; y_{i+1} = y_i;\}$$

$$\textbf{else } if\, a = 3 \textbf{ then } \{x_{i+1} = x_i; y_{i+1} = y_i + 2r;\}$$

else then $\{x_{i+1} = x_i - 2r; y_{i+1} = y_i;\}$

令数组 $Direction[9] = \{1,2,3,3,4,4,1,1,1\}$，则该数组可表示图 7-14（a）所示的螺旋指向变换，可设初始点 $w_0(x_0 = 0, y_0 = 0)$ 为坐标原点，即应召点，则第 i 个点 w_i 可根据数组的第 i 个元素 $Direction[i-1]$ 结合相应坐标计算公式求出。

（2）平行来回式搜索。

用指向变换数组来表示直升机航路点集的方法还可灵活扩展为其他形式的搜索模式，有效提高直升机反潜效率。如 $Direction[11] = \{4,4,4,4,1,2,2, 2,2,2,1\}$ 可表示为平行来回式搜索，图 7-14（b）所示为当 $d = 2r$，$N = 11$ 时的平行来回式搜索，该模式能有效用于直升机已经知道敌潜艇在某一海域活动，但不知其具体位置的情况。

（3）直线拦截搜索。

直线拦截搜索是以应召点为中心，向中心点水平两侧均匀展开的一字排开搜索方式。同螺旋式方形搜索，当相邻两路径点间的距离 d 满足 $r \leqslant d \leqslant 2r$ 时，搜索效果较好。图 7-14（c）所示为当 $d = 2r$，$N = 5$ 时的直线拦截搜索。其中，第 i 个点 w_i（$0 \leqslant i \leqslant N-1$）可由以下公式求出：

$$\left.\begin{array}{c} x_i = \left(\left[\dfrac{N}{2}\right] - i\right) \times 2r \\ y_i = 0 \end{array}\right\}, N\text{为奇数} \qquad (7.2)$$

$$\left.\begin{array}{c} x_i = \left(\left[\dfrac{N-1}{2}\right] - i\right) \times 2r \\ y_i = 0 \end{array}\right\}, N\text{为偶数} \qquad (7.3)$$

2. 声呐浮标

声呐浮标由直升机在一定高度以一定初速度发射，直升机一般装配多枚声呐浮标，并以一定阵型进行发射，发射阵型与声呐浮标最大探测距离及战术决策有关。声呐浮标搜索的阵势如图 7-15 所示。下面介绍方形阵、圆形阵、三角阵三种声呐浮标阵势的实现。

（1）方形阵。

方形阵是指直升机将声呐浮标呈正方形布放，当方形阵边长 L 的取值使得相邻两路径点间的距离 d 满足 $r \leqslant d \leqslant 2r$ 时，搜索效果较好。若声呐浮标

总数 N 为 4 的倍数，则此时方形阵是封闭的，在理想的海洋环境下，且各声呐浮标均正常工作，潜艇是逃逸不出此阵势的；若 N 不为 4 的倍数，则将 N 向上取为 4 的倍数进行布阵，此时的方形阵会在第四象限有缺口。

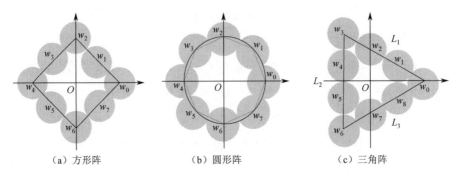

（a）方形阵　　　　　（b）圆形阵　　　　　（c）三角阵

图 7-15　声呐浮标搜索的阵势

图 7-15（a）所示为当 $L = 2\sqrt{2}r$，$d = 2r$，$N = 8$ 时的方形阵。其中，N 为直升机计划路径总点数，d 为原点 O 与顶点 w_0 间的距离，即 Ow_0。当 N 为 4 的倍数时，方形阵为完整无漏洞的正方形，即 $N = 4i$（$0 \leqslant i \leqslant \infty$，$i \in \mathbf{Z}^+$）；当 N 不为 4 的倍数时，方形阵为不完整的正方形，此时令 $N' = N + (4 - N \bmod 4)$，以保证 N' 为 4 的倍数。

第一象限 w_i 的坐标可由以下公式求出：

$$\left.\begin{array}{l} x_i = \dfrac{L}{2} \times \left(1 - \dfrac{4i}{N}\right) \\ y_i = \dfrac{L}{2} \times \dfrac{4i}{N} \end{array}\right\}, 0 \leqslant i \leqslant \dfrac{N}{4} \tag{7.4}$$

其他象限 w_i 的坐标可根据对称关系给出。

第二象限 w_i 的坐标：

$$\left.\begin{array}{l} x_i = -x_{\left(i - \frac{N}{4}\right)} \\ y_i = y_{\left(i - \frac{N}{4}\right)} \end{array}\right\}, \dfrac{N}{4} < i \leqslant \dfrac{N}{2} \tag{7.5}$$

第三、四象限 w_i 的坐标：

$$\left.\begin{array}{l} x_i = -x_{\left(i - \frac{N}{2}\right)} \\ y_i = -y_{\left(i - \frac{N}{2}\right)} \end{array}\right\}, \dfrac{N}{2} < i \leqslant N \tag{7.6}$$

（2）圆形阵。

圆形阵是指直升机将声呐浮标呈圆形布放，相邻路径点两两相连形成正多边形，当圆形阵半径 D 的取值使得相邻两路径点间的距离 d 满足 $r \leqslant d \leqslant 2r$ 时，搜索效果较好。图 7-15（b）所示为当 $D = \sqrt{4 + 2\sqrt{2}}r$，$d = 2r$，$N = 8$ 时的圆形阵。其中，N 为直升机计划路径总点数，D 为圆形阵半径，即 Ow_0，则第 i 个点 w_i 的坐标可由以下公式求出：

$$\left. \begin{aligned} x_i &= D \times \cos\left(\frac{360 \times i}{N}\right) \\ y_i &= D \times \sin\left(\frac{360 \times i}{N}\right) \end{aligned} \right\}, 0 \leqslant i \leqslant \infty, i \in \mathbf{Z}^+ \qquad （7.7）$$

（3）三角阵。

三角阵指直升机将声呐浮标呈三角形态布放，当三角阵半径 N 的取值使得相邻两路径点间的距离 d 满足 $r \leqslant d \leqslant 2r$ 时，搜索效果较好。当 N 为 3 的倍数时，三角阵是封闭式的，理想条件下三角阵内目标潜艇无法躲避；当 N 不为 3 的倍数时，令 N 向上取值保证其为 3 的倍数，此时的三角阵在第 3 条边 L_3 上出现漏洞。

图 7-15（c）所示为当 $D = 2\sqrt{3}r$，$d = 2r$，$N = 9$ 时的三角阵。其中，N 为直升机计划路径总点数，N 为原点 O 与顶点 w_0 间的距离，即 Ow_0。当 N 为 3 的倍数时，三角阵为完整无漏洞的三角形，即 $N = 3i(0 \leqslant i \leqslant \infty, i \in \mathbf{Z}^+)$；当 N 不为 3 的倍数时，三角阵为不完整的三角形，此时令 $N' = N + (3 - N \bmod 3)$，以保证 N' 为 3 的倍数。

边 L_1 上 w_i 的坐标可由以下公式求出：

$$\left. \begin{aligned} x_i &= D - \frac{D - \left(-\dfrac{D}{2}\right)}{\dfrac{N}{3}} \\ y_i &= \frac{3\sqrt{3} \times D \times i}{2 \times N} \end{aligned} \right\}, 0 \leqslant i \leqslant \frac{N}{3} \qquad （7.8）$$

边 L_2 上 w_i 的坐标可由以下公式求出：

$$\left. \begin{array}{l} x_i = -\dfrac{D}{2} \\[4mm] y_i = \dfrac{\sqrt{3}D}{2} - \dfrac{\left[\dfrac{\sqrt{3}D}{2} - \left(-\dfrac{\sqrt{3}D}{2} \right) \right] \times \left(i - \dfrac{N}{3} \right)}{\dfrac{N}{3}} \end{array} \right\}, \dfrac{N}{3} < i \leqslant \dfrac{2N}{3} \qquad (7.9)$$

边 L_3 上 w_i 的坐标可由以下公式求出：

$$\left. \begin{array}{l} x_i = -\dfrac{D}{2} + \dfrac{D - \left(-\dfrac{D}{2} \right)}{\dfrac{N}{3}} \times \left(i - 2 \times \dfrac{N}{3} \right) \\[4mm] y_i = -\dfrac{2\sqrt{3}D}{2} - \dfrac{\dfrac{\sqrt{3}D}{2} \times \left(i - 2 \times \dfrac{N}{3} \right)}{\dfrac{N}{3}} \end{array} \right\}, \dfrac{2N}{3} < i \leqslant N \qquad (7.10)$$

3. 坐标变换

以上计算得到的航路点都是在坐标系处于特定位置下计算得来的，如都使第一个航路点落在横轴上。为了适应多变的海战态势并提供灵活的阵势应变能力，可定义旋转角度 α ，使得各阵势的航路点旋转 α ，从而得到新的航路点规划。

若 $w_a(x_a, y_a, z_a)$ 是坐标系 $OX_aY_aZ_a$ 上的矢量，$w_b(x_b, y_b, z_b)$ 是坐标系 $OX_bY_bZ_b$ 上的矢量，则

$$w_b = m_{ba} w_a \qquad (7.11)$$

式中，$m_{ba} = \begin{pmatrix} \cos(x_b, x_a) & \cos(x_b, y_a) & \cos(x_b, z_a) \\ \cos(y_b, x_a) & \cos(y_b, y_a) & \cos(y_b, z_a) \\ \cos(z_b, x_a) & \cos(z_b, y_a) & \cos(z_b, z_a) \end{pmatrix}$ 是坐标系 $OX_aY_aZ_a$ 到坐标系

$OX_bY_bZ_b$ 的变换矩阵[9]。

特殊地，若坐标系 $OX_aY_aZ_a$ 仅绕 Z 轴旋转角度 α 达到坐标系 $OX_bY_bZ_b$，则变换矩阵：

$$m'_{ba} = \begin{pmatrix} \cos\alpha & \sin\alpha & 0 \\ -\sin\alpha & \cos\alpha & 0 \\ 0 & 0 & 0 \end{pmatrix}$$

在海平面上坐标系绕 Z 轴旋转，Z 轴上的分量保持不变，所以换算时可忽略。此时可将其视为平面直角坐标系的旋转，变换矩阵可简化为

$$m''_{ba} = \begin{pmatrix} \cos\alpha & \sin\alpha \\ -\sin\alpha & \cos\alpha \end{pmatrix}$$

7.3.2　仿真案例设计

仿真案例设计涵盖了仿真实验运行前的准备工作，通常包括需求分析、想定编辑、数据准备、决策建模及实验设计等步骤。

1．想定编辑

想定编辑主要涉及部署交战双方的兵力和初始态势，以及各实体属性配置。属性配置主要包括设置有关型号和战术数据、关联决策脚本、添加装备武器和探测器，以及设定平台航路点 4 个方面。在本案例中需要注意，直升机航路点由载舰的指挥中心规划。假定护卫舰通过岸基声呐或其他情报获取方式已知某潜艇将以一定航速经过某海域，护卫舰配置一架直升机执行反潜任务。直升机可通过下放吊放声呐和布设声呐浮标两种方式执行任务。图 7-16所示为下放吊放声呐的想定编辑界面。对于布设声呐浮标，只需将属性配置中的探测器配置修改为声呐浮标，并设定其发射个数即可。

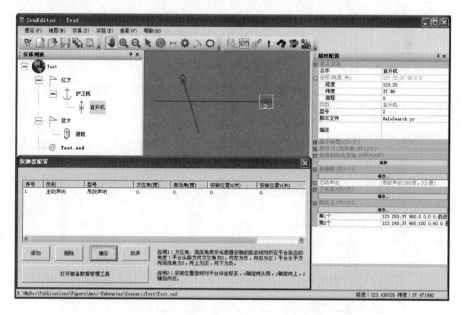

图 7-16　下放吊放声呐的想定编辑界面

2．数据准备

数据在仿真实验中扮演着核心角色，数据准备主要涉及想定中各模型实体的属性参数设置。实验结果能否反映客观事实与数据准备直接相关。在本案例中，声呐是主要的关注模型。鉴于篇幅限制，这里仅列出吊放声呐的型号参数，如图 7-17 所示。

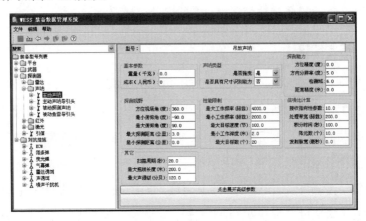

图 7-17　吊放声呐的型号参数

3．决策建模

决策模型在军事作战领域中具有灵活多变的特点，它会随着作战任务的不同、战场态势的变化、指挥员素质和爱好的差异而不同。与物理模型不同，决策模型没有固化的基础知识与行为逻辑。因此，将决策模型与物理模型独立开来，应用开发人员只需关注决策接口参数，而无须考虑物理实现细节。友好、自然地进行决策建模是效能仿真系统开发的一条基本原则。图 7-18 所示为使用吊放声呐的载舰决策建模环境。

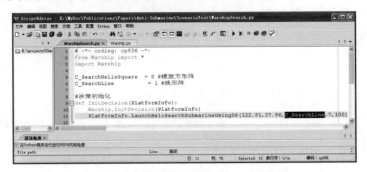

图 7-18　使用吊放声呐的载舰决策建模环境

7.3.3　仿真二维展现

图 7-19 所示为螺旋方形搜索的情况。其中，决策接口参数为 Lon_deg=121.91，Alt_deg=37.96，SearchMode=C_SearchHelixSquare，N=10，Rotate_deg=0。在图 7-19（a）中，直升机到达第一个点，即螺旋方形的中心，悬停下放吊放声呐。当吊放声呐下放至工作深度并开机进行探测时，可明显看出探测范围。在图 7-19（b）中，当直升机到达第 4 个点时，敌方潜艇潜航到螺旋内部，吊放声呐发现潜艇，可以观察到直升机对潜艇的目标线。而在图 7-19（c）中，直升机航行到第 10 个点，即最后一个点，悬停下放吊放声呐。

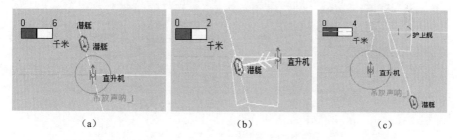

图 7-19　螺旋方形搜索的情况

图 7-20 所示为平行来回式搜索的情况，其中，决策接口参数为 Lon_deg=121.98，Alt_deg=37.96，SearchMode=C_SearchParellel，N=12，Rotate_deg=0。在图 7-20（a）中，直升机到达第一个悬停点，吊放声呐下放至工作深度并开机。在图 7-20（b）中，当直升机到达第 3 个点时，吊放声呐发现潜艇，可以观察到直升机对潜艇的目标线。而在图 7-20（c）中，直升机航行到最后一个点，悬停下放吊放声呐。

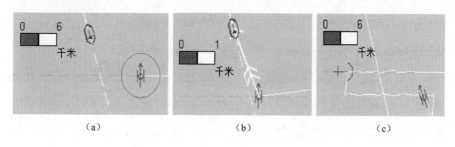

图 7-20　平行来回式搜索的情况

图 7-21 所示为直线拦截搜索的情况，其中，决策接口参数为 Lon_deg=121.91，Alt_deg=37.96，SearchMode=C_SearchLine，N=7，Rotate_deg=120。在图 7-21（a）中，直升机到达第一个点后悬停，下放吊放声呐进行探测。在图 7-21（b）中，潜艇到达第 3 个点，即直线的中心，被发现。在图 7-21（c）中，直升机航行到最后一个点悬停，下放吊放声呐。而在图 7-21（d）中，当旋转角为 0°时，可以观察到直升机正垂直往正北方向航行，直线已顺时针旋转 100°，此时直升机到达第 3 个点，悬停下放吊放声呐进行搜索。

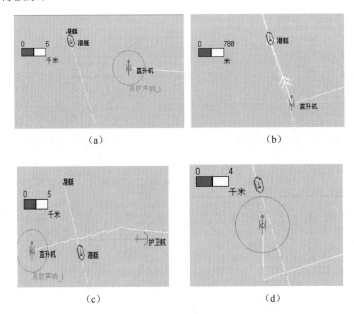

图 7-21　直线拦截搜索的情况

图 7-22 所示为声呐浮标方形阵的情况，其中，直升机装配了 12 枚声呐浮标，决策接口参数为 Lon_deg=121.91，Alt_deg=37.96，SearchMode=C_SearchSquare，C_SearchRadius=3000，Rotate_deg=0。在图 7-22（a）中，直升机布放完 12 枚声呐浮标后航行至应召点悬停，可明显看出敌潜艇进入方形阵内部，直升机发现敌潜艇，建立目标线。而在图 7-22（b）中，直升机布放完 12 枚吊放声呐的态势图与图 7-22（a）比较，可明显看出方形阵旋转了 45°。

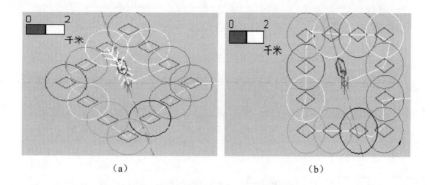

（a）　　　　　　　　　　　　　　（b）

图 7-22　声呐浮标方形阵的情况

图 7-23 所示为圆形阵的情况，其中，直升机装配了 12 枚声呐浮标，决策接口参数为 Lon_deg=121.91，Alt_deg=37.96，SearchMode=C_SearchCircle，C_SearchRadius=3000，Rotate_deg=0。可以明显看出 12 枚声呐浮标围成圆形，其中，圆形半径为 3000m，相邻两枚声呐浮标相连即为正十二边形。此时敌潜艇潜航至圆形阵内部，无处逃逸。

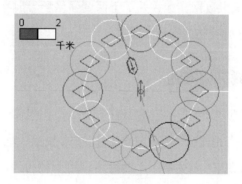

图 7-23　圆形阵的情况

图 7-24 所示为三角阵的情况，其中，直升机装配声呐浮标 12 枚，决策接口参数为 Lon_deg=121.91，Alt_deg=37.96，SearchMode=C_SearchTriangle，C_SearchRadius=3000，Rotate_deg=0。图 7-24（a）所示为直升机布放完 12 枚声呐浮标后的态势图，此时声呐浮标已组成正三角形，敌潜艇潜航至三角阵内部；图 7-24（b）所示为当旋转角为 60°（Rotate_deg=60）时，直升机布放完 12 枚声呐浮标后的三角阵态势图，与图 7-24（a）比较，可明显看出三角阵旋转了 60°。

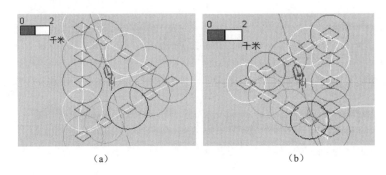

（a）　　　　　　　　　　　　　　（b）

图 7-24　三角阵的情况

7.4　智能弹道导弹突防

由于多弹头协同打击的作战效能明显优于单个弹头，因此弹道导弹突防任务已逐步向自主化、智能化和集群化方向迅速发展。本节以多弹头弹道导弹突防过程中的多目标分配场景为例，运用模数驱动的智能化建模框架，通过设计仿真实验采集数据样本，并基于深度强化学习训练优化目标分配方案，来提高弹道导弹突防的作战效能。

7.4.1　作战环境描述

在弹道导弹突防想定中，红方作战任务是发射弹道导弹打击蓝方重要城市目标，蓝方作战任务是通过一系列前方预警措施、拦截基地或平台来袭导弹。双方对抗兵力配置如下：红方有 1 个发射井，发射井发射 1 枚弹道导弹，弹道导弹携带 6 枚常规弹头，每枚弹头都装有 1 部弹载传感器和 16 枚轻诱饵；蓝方包括 1 个战场管理中心，1 个地球同步卫星，6 座城市，1 艘驱逐舰（每艘战舰装备 36 枚舰空导弹），1 个装备 24 枚地基拦截弹的地基拦截阵地（Ground-based Interceptor，GBI），1 部前沿部署预警雷达和 1 部前沿部署火控雷达。

弹道导弹突防过程如图 7-25 所示，该过程主要经历了发射、弹头分离、弹载传感器发现拦截弹、机动变轨和弹道回归 5 个阶段。蓝方卫星率先发现红方弹道导弹发射，引导前沿预警雷达进行跟踪探测，进一步引导前沿火控雷达进行更精确的目标跟踪，其后通过 GBI 阵地和驱逐舰进行多波次的拦截。

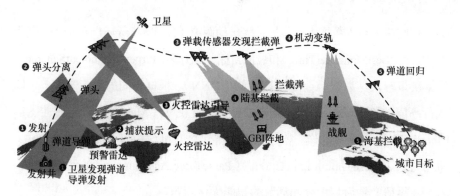

图 7-25 弹道导弹突防过程

采用 UML Profile 扩展机制建立的弹道导弹功能决策树行为模型如图 7-26 所示。根据功能决策树元模型，主要定义了 3 类节点泛型（Stereotype），即<<DataNode>>，<<DecisionNode>>和<<ActionNode>>，以及两类连接泛型，即<<DataEdge>>和<<DecisionEdge>>，分别用虚线空箭头和实线实箭头表示。模型根节点是 CombatDecision，其主要功能是根据当前战场态势决定采用规则决策（RuleDecision）或是网络决策（NetDecision）的决策模式。输入数据主要来自弹道导弹和威胁目标状态信息，包括剩余燃油（RemainingFuel），弹头速度（WarheadVelocity）、相对距离（RelativeDistance）、目标方位角（RelativeHeading）、速度与视线夹角（DeflectionAngle）。

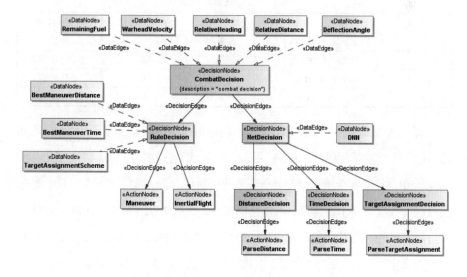

图 7-26 弹道导弹功能决策树行为模型

规则决策输入数据主要包括最优机动距离（BestManeuverDistance）、最优机动时长（BestManeuverTime）和最优目标分配方案（TargetAssignmentScheme）；网络决策输入是数智 Agent 策略网络（DNN）。根据不同的决策模式，可以执行不同的输出动作，规则决策主要有进行机动（Maneuver）和惯性飞行（InertialFlight）两种动作；网络决策主要包括对机动距离（ParseDistance）、机动时长（ParseTime）和目标分配（ParseTargetAssignment）的动作解析，本节着重研究最后目标分配环节的智能优化问题。

7.4.2　仿真实验设计

为了有效组织智能仿真实验的训练，需要针对不同的实验目的进行有效的实验设计[10]。实验模式设置如表 7-3 所示。其中，模式 0 表示规则型实验，用于进行一次基线仿真实验的测试，因此不生成数据样本；模式 1 也是规则型实验，用于生成仿真数据样本，在生成后进行筛选并用于初始化预训练；模式 2 需要调用初始化预训练生成的网络模型，并用于强化学习迭代训练，因此需要生成数据样本进行迭代；模式 3 是网络型实验，调用迭代训练得到的网络模型，用于评估有无智能条件下的作战效能，不生成训练数据样本。

表 7-3　实验模式设置

模　式	标　　识	类　　型	样 本 生 成	实 验 目 的
0	RULE_NO_SAMPLE	规则型	否	测试
1	RULE_SAMPLE	规则型	是	初始化预训练
2	NN_TRANING	网络型	是	迭代训练
3	NN_APPLICATION	网络型	否	评估作战效能

每一次仿真实验的实验响应设置为目标击毁率。在实验因子方面，一方面选择蓝方驱逐舰的经纬度，其中，经度变化范围为[−147, −137]，纬度变化范围为[45, 50]，各取 6 个水平值；另一方面选择目标分配方案，共有 720 种。每次实验进行 5 次蒙特卡罗仿真，采用全面设计，共有 25920 个实验，总计 129600 次仿真。硬件设备采用 Intel (R) Core (TM) i7-7700 CPU 3.6 GHz 和 16 GB RAM。所有仿真实验共运行约 84 小时，输出得到全部仿真实验的数据库训练样本。

根据目标击毁率指标值，进一步选取排在前面的 6 个目标分配方案，编

号分别为 {85, 124, 223, 271, 432, 689}。每一次仿真都生成了一个训练数据库,每个数据库包含 4 个数据表格,分别为 {final state, final action, current state, reward},对应马尔可夫决策过程的一次状态转移 $\{s, a, s', r\}$。在这些数据库中,进一步挑选出总奖励超过 100 的数据样本,并将挑选出的数据库文件名存储在一个 txt 文件中。结果显示,共挑选出了 5817 个数据库,用于下一步的初始化预训练。

7.4.3　模型训练与结果分析

在进行初始化预训练之前,将选取的数据样本分组,其中,80%作为训练集,采用十折交叉验证,剩余 20%作为测试集。训练使用常见的机器学习算法,包括人工神经网络(Artificial Neural Network,ANN)、支持向量机(Support Vector Classifier,SVC)、高斯朴素贝叶斯(Gaussian Naive Bayes,GNB)、分类回归树(Classification And Regression Tree,CART)、k 近邻算法(k-Nearest Neighbors,KNN)、线性判别分析(Linear Discriminant Analysis,LDA)、逻辑回归(Logistic Regression,LR)。初始化预训练箱线图如图 7-27 所示。

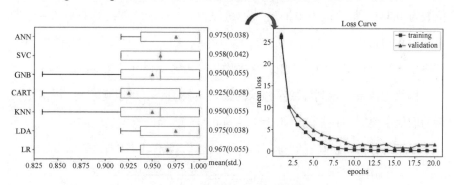

图 7-27　初始化预训练箱线图

结果显示,ANN 算法具有较高的平均预测精度(0.975)和较小的精度方差(0.038)。在 ANN 训练过程中,使用的学习率为 0.0001。每训练完成1000 个片段(episode),即完成一次数据库的扫描,扫描完所有数据库为 1个回合(epoch)。每个回合结束时计算一次平均损失值(Loss)。结果显示,当训练到第 20 个回合时,经过约 3.5 小时,损失值达到最小值,为 0.156。

此外，训练损失值始终小于验证损失值，并且训练曲线与验证曲线呈现相同的下降趋势，这表明过拟合得到了良好的控制，因此可以提前终止训练。

上述初始化预训练得到的网络随后用于强化学习迭代训练，强化学习超参数设置如表 7-4 所示。训练结果显示，经过约 8 小时，强化学习迭代约 17000次，策略网络的损失值收敛，并在 0 附近波动。此时存储的策略网络即为最终的数智 Agent。

表 7-4　强化学习超参数设置

超　参　数	值	描　　述
alpha	0.0003	学习率
gamma_actor	0.99	Actor 网络折扣因子
gamma_critic	0.99	Critic 网络折扣因子
tau	0.005	软更新参数
size	256	批尺寸

将上述得到的数智 Agent 嵌入功能决策树行为模型，并将实验模式设置为 3，以目标击毁率为评估指标，进行规则型和网络型两种仿真实验对比。结果显示，在相同的场景下，规则型决策的平均目标击毁率为 0.414985，中位数为 0.333，最小值为 0.333，最大值为 0.5；而网络型决策的平均目标击毁率为 0.604537，中位数为 0.567，最小值为 0.45，最大值为 1。可以看出，网络型决策相较于规则型决策，其平均目标击毁率提升了 45.68%。

网络型决策和规则型决策柱状图如图 7-28 所示。可以观察到，规则型决策的取值主要集中在其均值附近（约为 0.415），而网络型决策的取值趋近于一个半正态分布，且取值范围在 0.4 到 1 之间，总体上具有较好的作战效能。

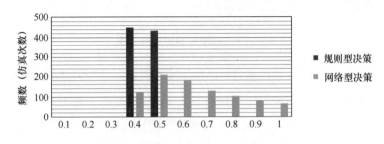

图 7-28　网络型决策和规则型决策柱状图

7.5　小结

要实现装备体系仿真模型的语义可组合性，需要建立一套定义良好的模型框架体系，该体系预先固化了整个应用领域的共性知识，并规范了众多具体应用的开发流程。本章展示了不同的装备体系仿真案例，包括网络化防空反导、直升机联合反潜和智能弹道导弹突防 3 种类型。仿真应用开发人员只需编辑任务场景设定，并在决策脚本中修改决策规则，就能执行不同类型的仿真实验，实现仿真模型的高度组合重用。然而，需要注意的是，验证装备体系仿真模型框架并不仅限于小范围的仿真实验，而是需要更广泛的应用。这样才能使模型框架体系逐渐成熟和完善，甚至成为行业标准。值得说明的是，本章的案例部分仅针对特定的想定运用不同的战术，各想定中所包含的模型基本相同，尚不足以验证这些模型在其他战场环境下的可组合性，特别是面对新一代智能化武器作战需求，需要改进模型并开发更广泛的仿真应用，以推动智能装备体系仿真模型框架体系的完善。

参考文献

[1] LEI Y L, ZHU Z, LI Q, et al. WESS: A generic combat effectiveness simulation system [C]//In Proceedings of the 17th Asian Simulation Conference. Singapore: Springer, September 2017: 272–283.

[2] ALBERTS D S, GARSTKA J, STEIN F. Network centric warfare: developing and leveraging information superiority[M]. Washington D.C. CCRP, 2000.

[3] 唐苏妍, 朱一凡. 网络化防空反导体系结构及作战流程研究[C]//全国博士生学术论坛（军事学），南京陆军指挥学院, 2009.

[4] TANG S Y, ZHU Y F. Research on flow of Networked Air & Missile Defense Systems Warfare[C]// National Learning Forum of PH. D, College of Army, Nanjing, 2009.

[5] 罗després民, 修胜龙, 罗雪山, 等. 防空导弹网络化作战 C4ISR 系统体系结构研究[J]. 国防科技大学学报, 2004(6): 86–90.

[6] LUO A M, XIU S L. Networked operation of air defense missile[J]. NUDT Transactions, 2004, 26(6).

[7] BARESI L, GUINEA S. A-3: An Architectural Style for Coordinating Distributed Components[C]//In Proceedings of IEEE/IFIP Conference on Software Architecture (WICSA). Boulder, CO, 2011.

[8] BARESI L, GUINEA S. A3: Sef-Adaptation Capabilities through Groups and Coordination[C]//In Proceedings of India Software Engineering Conference(ISEC). Thiruvananthapuram, kerala, India, 2011:11–20.

[9] 韩津豫. 基于面向对象技术的战斗机对地攻击仿真系统设计[D]. 西安: 西北工业大学, 2004.

[10] 胡晓峰, 杨镜宇, 司光亚, 等. 战争复杂系统仿真分析与实验[M]. 北京: 国防大学出版社, 2008.